国家级一流本科专业建设项目资助
中国矿业大学“十三五”品牌专业建设项目资助

双循环多级水幕反应器脱硫性能研究

田立江 著

中国矿业大学出版社
· 徐州 ·

内容简介

本书在参考国内外众多烟气脱硫实际应用案例和最新研究报道的基础上，结合作者多年来对燃煤烟气脱硫技术的研究，特别是石灰石-石膏湿法脱硫技术的研究与开发，开展烟气脱硫方法和工艺研究，从反应器设计、反应器流场模拟、烟气脱硫性能研究、添加剂强化脱硫性能研究、热湿交换性能研究、热态烟气脱硫性能及数学模型等方面进行了系统介绍。

本书可供火力发电行业和中小型燃煤锅炉供热领域从事烟气脱硫系统的设计、反应器优化、脱硫剂筛选和强化、脱硫反应系统运行和维护等工程技术人员参考，也适用于正在从事燃煤烟气脱硫研究的相关科研人员阅读。

图书在版编目(CIP)数据

双循环多级水幕反应器脱硫性能研究/田立江著
.—徐州：中国矿业大学出版社，2022.1
ISBN 978-7-5646-4994-4

Ⅰ.①双… Ⅱ.①田… Ⅲ.①烟气脱硫—湿法脱硫—水幕系统—反应器—研究 Ⅳ.①X701.3

中国版本图书馆 CIP 数据核字(2021)第 061701 号

书　　名　双循环多级水幕反应器脱硫性能研究
著　　者　田立江
责任编辑　周　红
出版发行　中国矿业大学出版社有限责任公司
（江苏省徐州市解放南路　邮编 221008）
营销热线　(0516)83884103　83885105
出版服务　(0516)83995789　83884920
网　　址　http://www.cumtp.com　**E-mail**：cumtpvip@cumtp.com
印　　刷　苏州市古得堡数码印刷有限公司
开　　本　787 mm×960 mm　1/16　**印张** 10.25　**字数** 195 千字
版次印次　2022 年 1 月第 1 版　2022 年 1 月第 1 次印刷
定　　价　46.00 元
（图书出现印装质量问题，本社负责调换）

前　言

煤炭作为主要能源的地位在我国相当长一段时期内都不会改变，而煤炭消耗量最大的则是火力发电。SO_2 作为火力发电燃煤烟气中重要污染物之一，其产生量巨大，如果直接排放会导致严重的大气污染问题，特别是酸雨问题尤为突出。自十一五以来，国家加大了对 SO_2 和 NO_x 的治理，提出了明确的减排目标。十一五期间 SO_2 减排10%、十二五期间 SO_2 减排10%和十三五期间 SO_2 减排15%的减排目标陆续实现，我国 SO_2 污染问题已逐步得到解决。为了进一步提高空气质量和满足大气防控要求，SO_2 排放标准更加严格，传统 SO_2 治理方法和工艺迫切需要革新和优化。

SO_2 治理技术种类繁多，大致可分为干法脱硫、半干法脱硫和湿法脱硫三种，其中干法脱硫以炉内脱硫为主，半干法脱硫以旋转喷雾干燥法为代表，湿法脱硫应用最为广泛，包括石灰石/石灰-石膏法、氧化镁法、双碱法、海水法和钠法等，以石灰石/石灰-石膏法应用比例最高。湿法脱硫反应器类型包括传统的喷淋塔、填料塔和筛板塔等，其中以喷淋塔应用最多，其具有空塔阻力小、不易堵塞、检修方便和脱硫效率高等优点。

为了进一步提高脱硫设施的脱硫效果，提高石灰石的利用效率，突出反应器运行的经济性和高效性，作者在广泛收集国内外相关最新技术资料文献的基础上，结合多年的相关科学研究经验，搭建了双循环多级水幕脱硫反应平台，从反应器设计、Fluent流场模拟、常规脱硫性能和添加剂强化脱硫性能、热湿交换性能，以及热态烟气脱硫性能、数学模型等方面进行了较为全面的论述。

热切希望本书能为广大从事燃煤烟气湿法脱硫反应器设计、石灰石/石灰-石膏湿法脱硫技术运行控制、其他化工行业含SO_2废气治理的工程技术人员、运行维护管理人员、科研工作者以及科研院所、大专院校等广大教师和学生提供有价值的参考，为SO_2废气治理技术的发展尽绵薄之力。

由于水平所限加之时间仓促，书中难免存在疏漏之处，恳请广大读者指正。

作　者

2021年9月8日

目　录

1 绪　论

1.1 研究背景

1.1.1 SO_2 的来源与危害

1.1.1.1 SO_2 的来源

SO_2 是当今人类面临的主要大气污染物之一，其污染源分为天然污染源和人为污染源两大类。天然污染源由于量少、面广、易稀释和净化，对环境的危害不大，而人为污染源由于量大、集中、浓度高，对环境造成严重危害[1-3]。大气中 SO_2 主要来自化石燃料燃烧、火山爆发和微生物分解等。随着现代工业的快速发展，原油、煤炭等含硫燃料的燃烧和生产工艺过程中采用的含硫原料等均产生大量的 SO_2，SO_2 排放至大气极易造成污染[2-4]。

1.1.1.2 SO_2 的危害

SO_2 为一种无色、具有强烈刺激性的气体，易溶于人体体液和其他黏性液体。长期暴露在含一定 SO_2 浓度的空气中会危害人类健康，导致多种疾病。据有关研究表明，当硫酸盐年均浓度在 10 $\mu g/m^3$ 时，每减少 10%的浓度能使死亡率降低 0.5%。动物 SO_2 慢性中毒后，机体的免疫力受到明显抑制。当 SO_2 浓度在 $(10\sim15)\times10^{-6}$ 范围时，呼吸道纤毛运动和黏膜的分泌功能均受到抑制。当其浓度达 20×10^{-6} 时，会引起人咳嗽并刺激眼睛。当其浓度达到 400×10^{-6} 时，可使人呼吸困难[5-7]。

当 SO_2 吸附在飘尘表面时，飘尘气溶胶微粒会把 SO_2 带至肺部，使 SO_2 毒性增加 3～4 倍。如果飘尘的表面还吸附有金属微粒，在金属微粒的催化作用下，将大气中SO_2催化氧化为硫酸烟雾，其对人体的刺激要比SO_2气体增强约1倍。长期生活在含有SO_2污染的大气环境中，飘尘和SO_2的共同作用，可导致肺泡壁纤维的增生，最终可导致纤维断裂形成肺气肿。苯并(a)芘的致癌作用也会由于SO_2的存在而增强。动物试验表明，在苯并(a)芘和SO_2的联合作用下，动物肺癌的发病率要高于单个因子导致的发病率，而且在短期内即可诱发肺部扁平细胞癌。因此，大气中SO_2的存在具有促癌作用[2,3]。

研究表明，高浓度SO_2对植物也易产生急性危害，造成其产量下降，品质变坏。大气中的SO_2对金属也会产生影响，主要是对钢结构的腐蚀，每年给国民经济带来巨大损失。据统计，发达国家每年因金属腐蚀而带来的直接经济损失，占国民经济总产值的2%～4%。SO_2形成的酸雨和酸雾危害也相当大，主要对湖泊、地下水的pH值造成影响，危害建筑物、森林、古文物和公共交通设施等。同时，长期的酸雨作用还将对土壤和水质产生不可估量的经济损失[8-11]。

1.1.2 我国SO_2排放和大气质量现状

中国的能源消费占世界的24%左右，且从2013年开始平均每年递增约1.3%，预测显示2035年中国能源消费总量将占世界能源消费总量的26%[12]。由国家统计局数据可知，2019年我国能源消费总量达到了48.6亿t标准煤，煤炭在我国一次能源的生产和消费结构中均占70%[13]。我国SO_2的排放量占世界总排放量的15.1%，其中燃煤所排放的SO_2又占全国总排放量的87%。

据中国生态环境状况公报显示，2019年全国337个地级及以上城市中，157个城市环境空气质量达标，占全部城市数的46.6%，比2017年上升10.8个百分点；180个城市环境空气质量超标，占53.4%。空气质量达到一级标准的城市约占31.1%，达到二级标准的占50.9%，达到三级标准的占18%[14]。2019年，环境保护重点城市的总体平均NO_2浓度与上年持平，SO_2和可吸入颗粒物浓度均略有降低，但SO_2的排放量仍高达457.3万t。

1.1.3 SO_2减排趋势形势及现状分析

“十二五”期间，全国化学需氧量和氨氮、二氧化硫、氮氧化物排放总量分别累计下降12.9%、13%、18%、18.6%。“十三五”期间，政府提出到2020

年全国二氧化硫、氮氧化物排放总量比 2015 年分别下降 15%和 15%，且将实现质量和污染排放总量“双控”[15]。特别是包括燃煤电厂和钢铁行业在内的烟气超低排放和节能改造政策的出台，极大地推动了燃煤烟气烟尘、SO_2 和 NO_x 的减排。据中研普华研究院《2021—2025 年中国火电行业深度预测报告》显示，“十四五”期间，火力发电预计每年保持约 3 000 万 kW 的增量，由燃煤产生的烟气 SO_2 控制和超低排放仍将是大气污染控制的重要方向之一。

与大型燃煤锅炉烟气污染物治理技术和排放标准相比，中小型燃煤锅炉烟气污染物净化技术和排放标准限值要求亟待提高，特别是 SO_2 排放总量不容忽视[16]。虽然经过产业结构调整，国家削减了相当数量的中小型燃煤锅炉，但由于中小燃煤锅炉负荷变化大、燃煤煤质存在差异，加之国家排放标准相对宽松等，SO_2 排放总量仍需控制。而且，现有中小型燃煤锅炉多采用喷淋塔或水膜塔脱硫除尘一体化技术，由于运行稳定性差、参数设置不科学、塔内流场单一等导致脱硫效率低，烟气很难保证稳定达标排放。因此，中小型燃煤锅炉更需要安装适合其特点的烟气脱硫系统(FGD)。一方面，国家应该积极扶持和推广适合中小燃煤锅炉特点的烟气脱硫设备的应用，制定更严格的 SO_2 排放标准和明确的 SO_2 减排目标；而与此同时，应加速研发运行稳定、脱硫效率高的脱硫设备和工艺，以满足国家的脱硫减排要求，为中小型锅炉烟气脱硫提供技术支持。

1.2 中小型燃煤锅炉特点、脱硫现状及典型脱硫技术

1.2.1 中小型燃煤锅炉特点

中小型燃煤锅炉燃料结构仍以煤炭为主，清洁能源所占比例明显偏低；其中有部分锅炉仍为取暖锅炉，这使得季节性环境污染压力大，冬季的大气污染指数较其他季节明显偏高。由于中小型燃煤锅炉燃煤来源不稳定，一般均为统配煤，煤质不稳定，通常硫分在 1%左右，灰分在 20%以上[17-18]。

由于中小型锅炉的服务对象较为复杂，锅炉的负荷波动较大，开停频繁，因此锅炉的化学腐蚀严重，对设备、材料有较高的要求。绝大多数中小型锅炉烟气采用低烟囱排放，烟囱高度一般在 15～60 m 之间。由于烟囱高

度较低，不利于烟气的稀释扩散，对近地空气污染的贡献率高达40%～65%。同时，中小型燃煤锅炉的机械化水平和自控水平相对较低，运行管理差，除尘脱硫稳定性不能保证，出口烟气粉尘浓度和SO_2浓度变化大，达标率偏低[18]。

1.2.2 中小型锅炉烟气脱硫现状

中小型燃煤锅炉造成的粉尘和SO_2污染危害严重，且由于锅炉燃烧过程和排放烟气的种种特点，决定了其在污染治理和控制上存在诸多技术、经济等方面的困难，以致数十年来中小型燃煤锅炉的综合治理进展不明显，无法与大型火力发电燃煤锅炉相比。发达国家对大型火力发电燃煤锅炉实施的是电除尘加烟气脱硫技术，对中小型锅炉则采取洁净燃料替换和清洁燃烧技术等综合控制措施，干式旋风器和湿式洗涤塔均属辅助之列[19-20]。改变燃料结构和实现清洁燃烧工艺不可能一蹴而就，在我国尚需一个过渡期，因此，我国自行研制了多种类型的脱硫装置，以适应我国的国情。然而，由于种种原因，装置的运行效果和排放状况不尽如人意的地方颇多。

多年来，我国就中小型燃煤锅炉本身进行过多次技术改造，但由于诸多原因，达不到全面提高技术水平的效果，烟气粉尘和SO_2污染十分严重。虽然一段时期内对稍大容量的工业燃煤锅炉进行了大规模改造，但其改造技术的范围偏窄，未从根本上解决问题。中小型燃煤锅炉量大、面广、烟囱低矮，造成的空气污染影响很大[21-24]。根据我国国情，未来一二十年内尚不能完全取消中小型燃煤工业和生活锅炉。所以，治理中小型燃煤锅炉SO_2排放，发展和改进中小型燃煤锅炉烟气脱硫技术，削减烟气SO_2排放量成为一项刻不容缓的任务。

我国正在探索多种控制中小型燃煤锅炉SO_2污染的技术，针对中小型燃煤锅炉特点，目前已形成冲击式旋风除尘脱硫、湿式旋风除尘脱硫、麻石水膜除尘脱硫、脉冲供电除尘脱硫、多管喷雾除尘脱硫、喷射鼓泡除尘脱硫、旋流板除尘脱硫等简易湿法除尘脱硫技术。简易烟气脱硫除尘技术一般都是在原有除尘设备（水膜除尘器、文丘里除尘器和旋风除尘器）基础上，采用投加石灰、冲渣水、氨水等碱性浆液为脱硫剂，同时实现烟气除尘脱硫。其中，干法除尘脱硫装置多数由干式除尘器与活性炭吸附脱硫装置组合而成，由于是先除尘后脱硫，理论上讲，其脱硫效果应好于除尘脱硫一体化装置，但在实际运行中，活性炭不能按要求做到定期更换或再生，导致此类装置在运行初期脱硫效果较好，运行一段时间后脱硫率显著下降[22-23]。

1.2.3 中小型燃煤锅炉典型脱硫技术

中小型燃煤锅炉典型脱硫技术一般为钙基湿法脱硫，该类型技术具有技术成熟、脱硫效率高、脱硫剂价格低廉及来源广、运行操作难度小等优点。目前，应用于中小型燃煤锅炉烟气脱硫市场的技术有旋流板塔脱硫技术、麻石水膜脱硫技术、文丘里旋风脱硫技术、冲击式旋风脱硫技术、脉冲冲击式旋风脱硫技术、脉冲供电脱硫技术、双旋流脱硫技术等。

冲击式旋风脱硫技术由于脱硫效率低、能耗高等问题其应用受到很大限制；脉冲供电脱硫技术由于技术要求严格、运行费用偏高、操作维护难度大等原因也未能大范围应用；双旋流脱硫技术存在脱硫效率偏低，反应器容易积灰、易结垢腐蚀，运行维护复杂等问题，而且该反应器烟气带水问题未能得到很好的解决，其应用受到限制。气动乳化脱硫工艺由于进口烟气温度和离子浓度高，故在塔下部形成酸性环境，脱硫浆液从上向下流，过滤器上方为碱性环境，所以防腐要求很高；另外烟气带水严重，对烟道和烟囱具有强烈的腐蚀作用。麻石水膜脱硫技术和旋流板塔脱硫技术因设计简单、施工难度小、建造成本低、运行操作和维护费用低而得到广泛应用，但同样存在塔内流场单一、易结垢腐蚀、脱硫效率实际值与理论设计值相差大等问题[25-27]。

1.2.3.1 旋流板塔烟气脱硫技术

把原水膜除尘器溢流槽部分拆掉后，筒体向上重新砌筑升高，内装 1 层导流塔板、3 层旋流塔板，塔顶装喷淋装置，副塔内装 1 层脱水装置[28]。旋流板塔内旋流板和旋流板塔结构形式如图 1-1 所示，旋流板塔烟气脱硫工艺流程图如图 1-2 所示。

旋流板塔烟气脱硫除尘装置采用传统湿法烟气脱硫技术，其主塔内旋流板板形如同汽轮机的隔板。运行时，烟气由塔底向上切向进塔，从塔顶向下喷淋除尘脱硫浆液，浆液经旋流板中的叶片表面均匀向下流动，烟气在塔内旋流板叶片的导向作用下与浆液（或碱液）接触，使液滴与烟气充分接触后能得到有效的分离，其气液负荷为常用板塔的 150％以上。因旋流板叶片上浆液层较薄，开孔率大，故吸收塔内阻力较少，比常规塔小 50％左右。

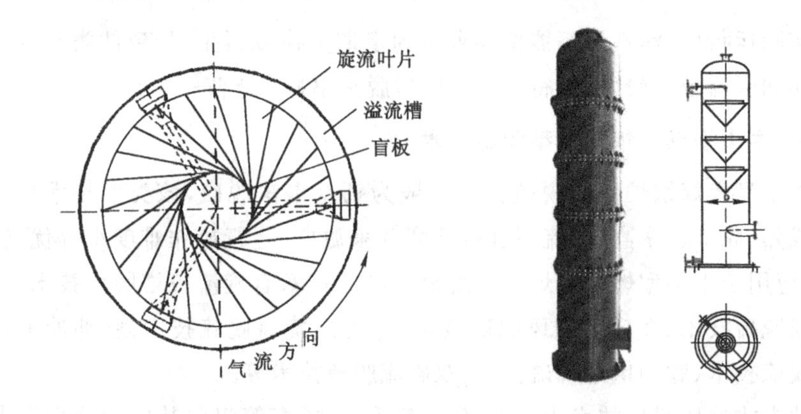

图 1-1　旋流板及旋流板塔结构示意图

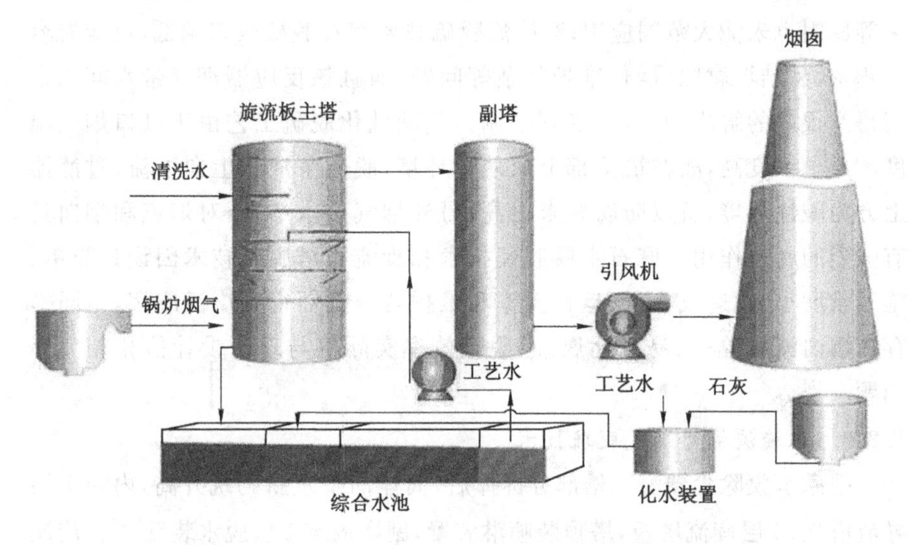

图 1-2　旋流板塔烟气脱硫工艺流程图

烟气经主塔气液接触后从塔顶部进入副塔，经过脱水装置脱水后，由引风机引入烟囱排向大气。主塔内部配有冲洗旋流板的冲洗装置。该装置除尘效率高达 98%，脱硫效率也可达 70%以上，但脱硫效果受喷淋浆液 pH 值影响很大。浆液 pH 值越高，脱硫效果越好，但此时塔内构件越容易结垢。另外，该类型除尘脱硫反应器设计的液气比(L/G)比一般的旋风水膜除尘脱硫反应器要高 50%左右。L/G 值越高，对提高除尘脱硫效率越有利，但其负面影响是锅炉排烟温度降低较多，烟气湿度高，引起引风机积灰严重、振动及钢烟道、引风机、烟囱的腐蚀,并降低了烟气的浮力型抬升高度,不利于烟气的扩散[28-30]。

1.2.3.2 麻石水膜脱硫技术

麻石水膜除尘脱硫反应器实际上是一个圆形筒体(或双筒型)。脱硫浆液从反应器上部溢流槽进入反应器内,使整个反应器内筒壁形成一层自上而下流动的液膜。含 SO_2 烟气由筒体下部引入,在筒内沿筒壁旋转上升。烟气中的粉尘在离心力的作用下被甩向内壁,与液膜接触后被去除。烟气中的 SO_2 组分在旋转过程中接触到液膜后,与液膜中的脱硫剂进行传质吸收反应而被去除。除尘脱硫后的废水进入沉淀池沉淀,上清液补充新鲜脱硫浆液后循环利用,沉淀在底部的灰渣也可回收再利用[31-32]。

麻石水膜除尘脱硫反应器筒体直径和高度可根据烟气流量、烟气进口流速(一般为 10~20 m/s)、空塔风速(一般为 4.5~5 m/s)、除尘器阻力(一般低于 1 000 Pa)等参数确定,筒体高度约为筒体直径的 6 倍。筒体壁厚一般为 200~300 mm,内壁要求精细、光滑,接缝交错处砌筑要求平整,以减少阻力。一般将麻石加工成扇形,再用胶泥砌筑,胶泥成分通常为铸石粉、玻璃水、氟硅酸钠,砌筑成型、干燥后用 25%左右的硫酸酸洗数遍,以实现材质的钝化[33-36]。根据实际需要,也可在水膜除尘脱硫反应器筒体内部布置 2~3 层脱硫板和 1 层脱水板,材质可为花岗岩或不锈钢。典型麻石水膜烟气脱硫工艺流程如图 1-3 所示。

麻石水膜除尘脱硫反应器虽然有寿命长、易管理、应用广泛等优点,但也存在许多不足。目前国内生产的麻石水膜除尘脱硫反应器除尘效率在 95%以下,用水做介质的脱硫效率在 20%以下,用碱液或氨水做介质的脱硫效率较高(95%左右),而用石灰石做介质的脱硫效率低于 85%。特别是当烟气温度低于露点时,烟气中的水蒸气将出现结露现象,形成无数的小液滴附着于烟道内壁和风机叶片上。液滴成分复杂,包含水、硫酸和硫酸盐等,容易造成管路和风机的腐蚀。一般当动力设备低于露点运行时,不到 3 个月就会出现引风机被腐蚀无法正常运行的现象。当湿烟气的水蒸气分压达到饱和蒸汽压时,水蒸气含量达到极值。由于经过洗涤净化后的烟气基本处于饱和状态,因此,即使脱水装置将烟气中的液态水全部脱除,但当烟气到达引风机的温度低于露点时,烟气中的水蒸气仍会导致风机叶片及其出口烟道结露,造成风机带水。风机带水还会引起引风机粘灰,严重时使风机失

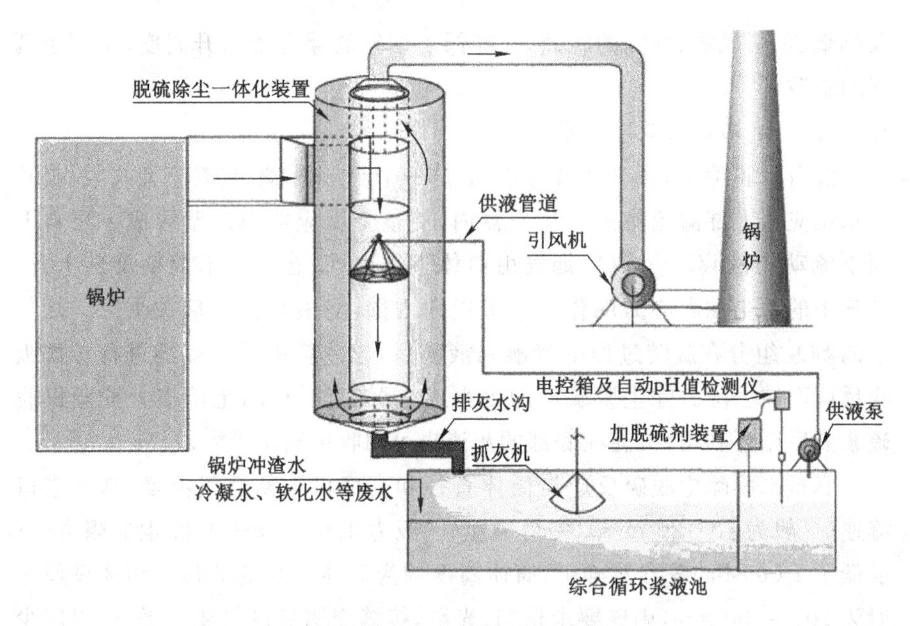

图 1-3　麻石水膜烟气脱硫工艺流程图

去动平衡而无法运行。冬季环境温度较低时，尾部烟道若未采取保温或烟气再热装置时，这种现象尤为严重[34-36]。

1.3　石灰石湿法烟气脱硫理论与模型研究进展

石灰石湿法烟气脱硫理论主要注重两个方面的研究，一方面是以石灰石为研究主体，研究不同粒径分布的石灰石在不同浆液条件下的溶解速率，由石灰石的溶解速率可以判断 SO_2 吸收速率或吸收效果；另一方面是以气-液-固三相或气-液两相为研究主体，研究石灰石浆液吸收 SO_2 工艺模型，通过不同脱硫工艺设备模型的建立，从数学角度表达脱硫效率与工艺运行参数之间的关系。

1.3.1　石灰石溶解与 SO_2 吸收理论的研究

在湿法烟气脱硫工艺（WGFD）系统中，石灰石的溶解、SO_2 气体的传质、气液间的接触直接影响脱硫性能。而石灰石的溶解又与石灰石的粒径大小、浆液温度、浆液质量浓度、浆液成分等有关，SO_2 气体的传质和气液接触

则与 SO_2 气相分压、气相分传质系数、液相分传质系数、传质推动力、传质阻力、浆液温度等有关。针对不同反应阶段和不同的反应机理，学者采用不同的方法开展了大量翔实的研究工作[37-38]。

在石灰石溶解方面，1978 年，J. W. Morse 等[39]研究了石灰石溶解特性随 CO_2 分压、无机盐如 NaCl 和 KCl 等的变化关系，并提出了相应的石灰石溶解经验方程。1992 年，C. L. Gage 等[40]研究了石灰石溶解与亚硫酸盐的影响关系，并建立了相应的影响理论模型。1993 年，N. Ukawa 等[41]在固定 pH 值条件下，采用盐酸间歇操作和连续操作滴定石灰石浆液的方法，建立了一个有关石灰石粒径分布不同对石灰石溶解率影响的理论模型，模型预测结果与试验结果吻合度较好。1993 年，J. Ahlbeck 等[42]对湿法烟气脱硫系统吸收剂活性的影响因素进行相关研究，并提出了对吸收剂活性影响较大的因素。1997 年，C. Brogren 等[43]建立了基于石灰石溶解速率与石灰石粒径分布和相变化之间关系的石灰石溶解模型。2000 年，钟秦等[44]在实验室小试装置中采用酸滴定法，对湿法烟气脱硫中石灰石溶解特性进行了研究，发展了一个基于质量传递控制基础上的理论模型。该模型可用于描述不同情况下的石灰石溶解过程。同时，所建立的模型对于石灰石转化率、粒径分布和浆液 pH 值对石灰石溶解速率的影响的预测结果与试验数据吻合度较高，并得出结论：较小粒径的石灰石颗粒、较低的浆液 pH 值和 Cl^- 主体浓度，有利于提高石灰石溶解速率。A. Mehra[45]研究发现，当 $CaCO_3$ 浆液中固体颗粒的粒径小于反应物质的特征扩散长度时，可明显提高 SO_2 气体的吸收速率；在 SO_2 气体吸收反应过程中，由于被吸收的 SO_2 组分与 $CaCO_3$ 颗粒溶解所产生的碱性物质间的反应相当快，因此加速了气液界面处$CaCO_3$ 的溶解。Uchida 和 Ariga 发现石灰石颗粒的粒径分布和比表面积大小对石灰石的溶解影响也很大，提出了对小颗粒石灰石溶解机理的深入研究十分必要的建议。Mehra 证实了减小石灰石颗粒尺寸对石灰石在气液界面处的溶解有重要影响[45]。S. Uchida 等[46]研究发现，$CaCO_3$ 的溶解速率与浆液中 H^+ 浓度有关，且随液相主体中 H^+ 浓度的增加而增加；他们对 Ramachandran 等所提出的模型进行了适当修正，修正后的模型能很好地解释 Takeda 等的试验数据。由相关研究结果可知，石灰石活性、粒径分布和浆液 pH 值是影响石灰石溶解的关键因素。

在气态 SO_2 吸收传质方面，P. A. Ramachandran 和 M. M. Sharma 等[47]

最早基于双膜理论，研究了含有细小的、分散的、可溶性颗粒的脱硫浆液吸收 SO_2 气体的机理，得出液膜内固体颗粒的溶解可能会对气体的吸收具有重要影响的结论，并根据双膜理论推导出一个计算表达式，利用该公式能够较为准确地判断 SO_2 气体吸收和溶解是否同时进行或为连续过程，同时可以用来确定脱硫剂颗粒的溶解对 SO_2 吸收过程的影响程度。S. Uchida 等[46]则针对贴近气液交界面的固体颗粒的溶解速率做了相关研究，并得出一个数学模型，考虑到被吸收气体组分对脱硫浆液中固体颗粒溶解的促进作用，计算出的 SO_2 气体吸收速率要比按照 Ramachandran 等的模型计算所得的吸收速率要快。I. Bjerle 等[48]用液柱喷射塔进行了石灰石溶解对 SO_2 吸收影响的研究工作，考察了石灰石浆液吸收低浓度 SO_2 的反应过程，发现 SO_2 在石灰石浆液中的吸收速率要比在纯水溶液中高约 10%，主要是 SO_2 与 HCO_3^- 之间的瞬时反应所导致的。E. Sada 等[49-52]在 Tamachandran 等研究的基础上，提出了双反应面模型，还发现含有微小颗粒的高浓度脱硫浆液吸收 SO_2 气体时，不能忽略气液传质边界层内固体的溶解，其对 SO_2 气体的吸收速率有明显的促进作用。此外，该模型能够很好地解释镁添加剂的加入对$CaCO_3$ 浆液吸收 SO_2 气体过程的传质强化作用。

在石灰石浆液吸收 SO_2 气体方面，1997 年，A. Lancia 等[53]为了研究石灰石悬浊液吸收 SO_2 的特性，利用搅拌反应器使石灰石浆液保持悬浮状态，并测试计算了不同 L/G、不同空塔风速和不同搅拌强度条件下石灰石悬浊液对 SO_2 的吸收速率，并基于双膜理论提出了液相传质的数学模型。该数学模型假设液相阻力均集中在液膜，而液膜厚度的大小与反应性质无关，而是决定于流体力学特性。根据液相中被吸收气体组分和已溶解的固体浓度的不同，S. Uchida 等[54]将被吸收组分在脱硫浆液中的吸收过程分为六种情况，并基于双膜理论对六种情况建立了相应的气液吸收反应速率模型。上述模型均在假设所涉及的反应为瞬时反应的前提条件上建立。后来，E. Sada 等[55]又将这一模型推广到有限反应速率的应用。随后，Uchida 等用搅拌反应器进行了石灰石浆液对 SO_2 气体的吸收研究，结果发现石灰石的溶解过程对 SO_2 气体吸收不仅有影响，而且起非常重要的作用。G. T. Rochelle[56]对 SO_2 气体与 $CaCO_3$ 浆液反应机理进行了研究，并揭示了添加剂强化吸收过程中传质的作用。

许多学者也就石灰石浆液在不同的反应器中吸收 SO_2 气体进行了不同

的研究。例如 E. Sada 等[50,57-58]在具有水平气液接触反应面的双搅拌反应釜内研究了 $CaCO_3$ 浆液、$Mg(OH)_2$ 浆液和 $CaSO_3$ 浆液分别吸收 SO_2 的反应过程，同时应用双反应面模型对不同的反应过程进行了理论研究和分析，结果发现被吸收组分的 SO_2 与液相中的某些物质诸如 HCO_3^-、SO_3^{2-} 等的反应可促进浆液对 SO_2 的吸收；但遗憾的是，试验未考虑试验条件如浆液温度、固体颗粒尺寸、搅拌速率等对 SO_2 吸收反应过程的影响。M. Matsukata 和 K. Takeda 等[59-60]在一个混合反应器中研究了 $CaCO_3$ 浆液浓度的变化对 SO_2 吸收的影响，发现随着 $CaCO_3$ 浆液浓度的改变，SO_2 的吸收反应速率也有明显变化，表明 $CaCO_3$ 的溶解在 SO_2 的吸收过程中起重要作用。

综上所述，$CaCO_3$ 的溶解作为 SO_2 气体吸收过程中的重要速率控制步骤之一，其活性对 SO_2 气体吸收的影响在研究者所建数学模型中均有涉及，但这些研究所涉及的范围较广，研究所列条件相对较简单，研究深度不够。如 C. Brogren 等[61]所建的模型中假定石灰石颗粒粒径都是均一的，这与实际石灰石应用情况差异很大。而吕丽娜和 G. T. Rochelle 等[62]尽管考虑到石灰石种类和粒径分布对 SO_2 气体吸收反应的影响，但是其所使用的实验系统中浆液池的氧化方式采用的是自然氧化，而目前在 WFGD 工艺中占主导地位的氧化方式则是强制氧化方式[63]。

1.3.2 WFGD 数学模型相关研究

WFGD 数学模型是将所研究的脱硫工艺作一些必要的简化或假设，运用合适的数学工具并通过数学语言表述出来的一个各种基本概念都以各自相应的现实原型作为背景的数学公式或方程式等。在实际应用中，可以对问题通过构建数学化模型进行求解检验，使问题获得解决方法；也可以通过数学模型的建立，从理论上对出现的问题或发生的现象进行指导或解释。

在过去数十年间，研究者提出了一些针对 WFGD 工艺的整体数学模型。1969 年，P. A. Ramachandran 和 M. M. Sharma[64]首先提出了基于石灰石-石膏湿法烟气脱硫的数学模型。E. Sada 等[65]、W. Pasiuk-Bronikowska 等[66]、H. Yagi 等[67]在 80 年代分别提出了基于个人研究基础上的数学模型，但由于研究条件所限，所建立的模型仅适合于某一特定的湿法烟气脱硫过程。1995 年，M. Gerbec 等[68-69]提出了包含湿法烟气脱硫的各个过程在内的喷淋塔数学模型。1998 年，D. Eden 等[70]建立了一个以增强因子形式来表达传质和传热过程的湿式石灰石烟气脱硫数学模型。1998 年,钟秦[71]根据降膜塔脱硫模型,建立了一个能准确描述石灰石和石灰脱硫的中试规模湿法烟气脱硫系统的数学模型,同时,为湿壁塔湿法烟气脱硫模型的研究提供了原型和模型验证的试验方法。

针对湿法脱硫反应器中脱硫剂吸收 SO_2 气体的过程,不同的学者建立了不同的 WFGD 模型,这些模型基本上将 SO_2 吸收过程分为四个步骤或四个子模型。例如,Noblett 等[72]、Olausson 等[73]、Gerbec 等[68]、Irabien 等[74]、Eden 等[75]、Brogren 等[76-77]、Warych 和 Szymanowski[78-79]都针对实际燃煤电厂喷淋脱硫吸收 SO_2 气体过程提出了各自不同的数学模型。这些数学模型均包括体现速率影响步骤的四个子模型,即吸收过程、氧化过程、石灰石溶解和石膏结晶过程。虽然这些模型在复杂性和相关细节上存在一定的差异,但均能较为准确地计算出实际 WFGD 工艺的脱硫效率。1999 年,钟秦[80-81]在中试规模湿壁塔基础上建立了包含一个总反应器模型和四个速率控制步骤的通用型湿法烟气脱硫模型,四个速率控制步骤分别为 SO_2 的吸收、HSO_3^- 的氧化、石灰石的溶解和石膏结晶。在该模型的基础上,学者们又分别对石灰石和石灰湿法烟气脱硫特性进行了进一步的研究。Kill 等[82]利用膜理论建立了填料脱硫塔内 SO_2 气体吸收动力学模型,该模型也考虑了 SO_2 气体吸收过程中涉及的所有速率控制步骤,即上述的四个子模型,利用该模型计算出的结果与实际结果吻合度较好。Brogren 等[76]用渗透理论建立了喷淋塔内 SO_2 气体吸收反应过程的数学模型,模型中包含了 SO_2 气体吸收过程中的瞬时反应和有限速率下的化学反应:$CaCO_3$ 的溶解、$CaSO_3$ 的氧化、石膏的结晶和 CO_2 的水解。该模型计算结果表明,喷淋塔内 SO_2 气体的吸收过程在很大程度上属于液相传质控制(液膜控制),只有在 SO_2 分压比较低的塔的顶部区域为气相传质控制(气膜控制)。而且,在喷淋塔内喷淋层的下方,$CaCO_3$ 浆液的 pH 值较低,$CaCO_3$ 的活性对 SO_2 气体吸收的影响大。

在建立 WFGD 模型过程中,不同学者的研究方法和侧重点也有所不同,有的学者强调气液间的传质和反应,而有的学者则更强调运行参数的控制。例如,在 Brogren 等[76]和 Olausson 等[73]提出的数学模型中,将诸如 SO_2 气体在气、液相的传质系数等作为变量输入。Oosterhoff[77]提出的数学模型的核心在于运行参数的控制,而相关的化学反应机理与反应过程则采用“黑箱"模型进行模拟。Kill 等[83-84]、韩璞等[85]和 Frandsen 等[86]构建了一个将强制氧化考虑在内的湿壁反应器模型,该模型也包括如前所述的四个子模型,模型的重要输出结果包括石膏中残留的石灰石含量和在反应器中不同位置的脱硫效率,模型预测结果的可靠性已通过验证。

1.3.3 添加剂强化烟气脱硫研究进展

1.3.3.1 无机添加剂强化脱硫相关研究

关于无机添加剂强化烟气脱硫的研究及应用始于 20 世纪 60 年代末,普尔曼凯洛格公司(PULLMAN INC)采用浓度为 3%~27% 的可溶性 $MgSO_4$,使石灰石系统脱硫效率得到明显提高,这使之能采用接触时间很短的卧式喷淋脱硫反应器[87]。G. T. Rochelle 等[88]研究了 $MgSO_4$ 强化石灰石湿法脱硫工艺,结果表明在脱硫过程中中性离子对提高脱硫效率起主要作用。N. Ukawa 等[89]在固定 pH 值条件下,采用硫酸滴定的方法研究了硫酸盐和氯化物对湿法脱硫过程中石灰石溶解速率的影响,结果表明氯化物阻碍了石灰石的溶解,硫酸盐能促进石灰石的溶解。日本三菱重工的 Naohiko 等[90]得出与 N. Ukawa 相一致的结论。以 $Mg(OH)_2$ 为添加剂的 Harrison 电站[91],因所用消石灰中含有少量 $Mg(OH)_2$ 而意外实现了强化烟气脱硫作用的目的,其系统的脱硫效率高达 98%。Dravo Lime Company 开发的 ThioClear 过程[92]也是向脱硫系统中引入少量的 $Mg(OH)_2$,其脱硫效率亦达到了 98%,且副产品为可用于建筑业的石膏。孙文寿[91]的研究结果表明,以 $MgSO_4$ 为添加剂时的脱硫反应可促进石灰石的溶解,当添加剂浓度为 0.2 mol/L 时,脱硫效率提高了 15%,石灰石利用率也提高了 5%。

李玉平等[92]研究了在 SO_2-H_2O-$CaCO_3$ 气、液、固三相反应中 Na_2SO_4、$NaNO_3$ 和 NaCl 及其钙盐对石灰石溶解性能的影响,结果发现 Na_2SO_4 能明显促进石灰石的溶解,$NaNO_3$ 和 NaCl 也能促进石灰石的溶解,但促溶效果不明显,而其对应的 3 种钙盐则均使石灰石溶解度降低。根据膜模型的分析结果可知,无机盐添加剂影响石灰石溶解的主要原因为,无机盐的加入改变了石灰石表面的 pH 值。S. Kiil 等[93]还研究了烟气中 Cl^- 对脱硫效果的影响,得出了 Cl^- 能降低烟气脱硫效率和提高脱硫石膏中残余石灰石含量的结论。奚胜兰[94]利用双搅拌釜试验装置测定了无机盐添加剂强化脱硫前后,脱硫系统气液两相传质系数的变化,对气液两相传质系数的大小进行了对比，同时对无机盐添加剂强化脱硫反应机理进行了基础性研究。

1.3.3.2　有机添加剂强化脱硫相关研究

国内外众多学者都开展了有机添加剂强化脱硫相关研究。G. T. Rochelle 等[88]评估了一系列的有机添加剂，并建立了一个不可逆反应的吸收传质模型。该模型预测结果表明，当有机添加剂浓度为 3 mmol/L 时，强化脱硫效果最佳。在典型操作条件下，脱硫效率在无已二酸添加剂时为 80%～85%，而加入 10～20 mmol/L 已二酸时脱硫效率增加至 90%～95%。Shawnee 的试验表明，进口脱硫浆液 pH 值小于 5.0，且浆液中加入 $4.11\times10^{-4}\sim2.06\times10^{-3}$ mol/L 可溶性镁盐，可使已二酸的损失达到最小。C. Brogren 等[95]的实验结果表明，在相同的操作条件下，加入一定量的已二酸可使脱硫效率从 48%提高至 97%。

J. D. Mobley[96]从有机酸的缓冲性能、化学稳定性和经济性等方面评价了各种有机酸。C. S. Chang 和 G. T. Rochelle[97]对在以石灰或石灰石为脱硫剂的浆液中加入有机添加剂的强化机理进行了更为深入的研究，提出了添加的有机酸为石灰或石灰石脱硫反应的增强因子。J. C. Dickenman 等[98]认为，凡浆液 pH 值在 3～5.3 之间的缓冲溶液均能提高碱性组分的含量，从而促进 SO_2 的吸收。C. A. Altin 等[99]研究认为，有机添加剂的加入能改善浆液的 pH 值缓冲能力，在提高脱硫效率的同时维持脱硫系统的稳定性。Frandsen 等[100]研究了填料塔中有机酸的缓冲作用对脱硫效率和脱硫产物石膏纯度的影响，认为酸的离解常数在 4.5～5.5 和 5.5～6.5 之间的有机酸分别能促进脱硫效率和石灰石溶解速率。

有机酸中的已二酸具有易溶于水、挥发度低、稳定性高、无毒、高效且价格适宜等优点，已成功应用于一些工业脱硫系统。为进一步节省脱硫运行费用，不少学者着眼于将有机废液用作添加剂的研究。在工业上应用最成功的有机废液是混合二元酸，也即 DBA。首次使用 DBA 作为有机添加剂的工业规模试验是 1981 年在斯普林菲尔德市公用事业公司西南电厂进行的。试验结果表明，添加质量分数为 530 μg/g 的 DBA 可使脱硫效率从 58%增加至 85%[101]。1986 年，美国 Southwest 电站通过添加 DBA 使平均脱硫效率由 62%提高至 82%以上[102]。运行经济性分析结果表明，用 DBA 代替纯已二酸进行脱硫，不仅可节约添加剂费用 30%左右，且达到了以废治废的目的[103]。在 WFGD 中，有机添加剂不仅能提高脱硫效率和脱硫剂利用率，而且还能改善脱硫浆液 pH 值缓冲性能防止结垢，从而提高系统运行的可靠性，降低运行费用[96,104]。因此有机添加剂强化脱硫的研究一直是热点和重点。至今已有几十种有机添加剂被研究用于强化脱硫，但不同研究者利用同一种有机添加剂应用于不同的 WFGD 装置中，得到的结果却不尽相同，且各自强化脱硫机理也不尽完善[105]。

20 世纪 90 年代后国内学者也对有机添加剂进行了相关研究。1995 年，浙江大学的吴忠标等[106]在旋流板塔烟气脱硫装置上进行了有机废液添加剂强化脱硫的研究。其研究结果表明，在不同液气比及不同 SO_2 入口浓度的条件下，添加有机废液（NaAd）有利于提高脱硫效率和脱硫剂利用率，并改善了结垢现象。添加适量的 NaAd 可使脱硫效率提高至少 5%以上。同时他还研究了添加 NaAd 对脱硫浆液 pH 值、浆液黏度，以及浆液中颗粒的沉降、凝聚、粒度等物化特性的影响，得出 NaAd 能降低浆液表面张力、减小浆液黏度、增加颗粒的分散性并降低其沉降速度的结论，也即增加了气液传质反应的有效面积和总反应速率。根据试验结果，他提出了 NaAd 添加剂强化脱硫的作用机理，但未给出该有机废液的具体成分或组成。孙文寿[107-108]对腐殖酸钠 $A(COONa)_n$ 强化石灰石烟气脱硫进行了研究，以双搅拌釜为试验装置，研究了烟气脱硫过程中 Na_2SO_4、$MgSO_4$ 和腐殖酸钠分别对石灰石的促溶作用。其研究结果认为，这三种不同的添加剂均能对石灰石的溶解起促进作用，进而改善浆液的传质性能；腐殖酸钠的脱硫强化作用是由于共轭酸碱体系的形成促进了石灰石的溶解，强化了 SO_2 吸收过程；当腐殖酸钠添加浓度为 1.5 g/L 时，脱硫效率提高约 10%。基于实验结果通过理论分析，他推导出了石灰石颗粒剩余率 r_p 与浆液 pH 值之间的函数关系，该函数能很好地关联双搅拌釜实验数据。

1.3.3.3 复合添加剂强化脱硫相关研究

在无机和有机添加剂强化脱硫研究的基础上，研究者开始研究一种无机添加剂和一种有机添加剂混合后的强化脱硫效果，即复合添加剂强化作用。由于不同的无机和有机添加剂单独强化脱硫作用机理非常复杂，理论解释只能针对某些方面，无法兼顾所有影响因子，而复合添加剂的作用机理则更为复杂，其不但与添加剂种类以及复合添加剂中不同添加剂的含量和比例有关，还与添加剂之间的相互影响（协同效应）以及加入次序等因素相关，因此，关于复合添加剂研究的报道较少。

孙文寿[107]将由 $MgSO_4$ 和腐殖酸钠两种物质组成的复合添加剂应用于旋流板塔烟气脱硫装置，得出了相反的结论：复合添加剂的加入，无强化脱硫作用的叠加，也没有协同效应发生。石发恩等[109]通过在自制的1号有机添加剂中加入金属离子配制成复合添加剂A和B进行脱硫试验，结果表明复合添加剂A和B在试验中均表现出了良好的强化脱硫效果，尤其是脱硫浆液处于中、低pH值时更是取得了显著的强化效果，脱硫效率提高近30%；复合添加剂A和B成分完全相同，只是添加方式不同，即造成添加剂B的强化效果明显高于添加剂A，这表明复合添加剂对脱硫效率的影响很复杂。王晋刚等[110]对己二酸和3种金属氯化物（NaCl、$MgCl_2$、$CaCl_2$）按一定比例配制成的复合添加剂进行了脱硫强化研究（先加入己二酸，再分别加入3种不同的金属氯化物），结果表明复合添加剂强化效果好于单一添加剂，其中由己二酸和NaCl组合的添加剂效果最佳。因此，对复合添加剂强化烟气脱硫机理，有进一步研究的必要，以获得特定的脱硫设备和运行条件所需要的复合添加剂的组成和浓度。

1.4 课题的提出及主要研究内容

1.4.1 现有脱硫技术存在的问题

根据以上有关中小型燃煤锅炉脱硫现状和典型脱硫技术的相关文献综述可知，我国中小型燃煤锅炉烟气脱硫普遍存在以下问题：

(1) 脱硫系统易结垢堵塞和腐蚀

由于石灰石/石灰-石膏湿法脱硫技术具有脱硫效率高、操作简单等优点，当用石灰/石灰石直接在装置内进行反应时，很容易获得需要的脱硫效率，因此中小型燃煤锅炉烟气脱硫工艺大部分采用简易石灰石/石灰-石膏湿法脱硫技术。但由于反应生成的 $CaSO_3 \cdot 1/2\ H_2O$ 和 $CaCO_3$ 的溶解度很小（$CaSO_3 \cdot 1/2\ H_2O$ 在18 ℃水中的溶解度仅为0.004 3 g/100 g水，$CaCO_3$ 在20 ℃水中的溶解度仅为0.006 5 g/100 g水），它们极易达到过饱和而结晶，而由于条件限制，不能及时对中小型燃煤锅炉烟气脱硫系统脱硫浆液进行质量浓度和过饱和度监测，最终导致器壁表面形成很厚的硬垢和软垢，严重堵塞设备和管道，无法实现长时间连续稳定运行。而且，喷淋装置的喷头也极易发生结垢和堵塞。因此，70%以上的湿式脱硫装置在运行过程中不加或少加脱硫剂，这导致脱硫浆液 pH 值不断降低，烟气出口 SO_2 浓度超标，进而引起脱硫塔、烟囱、动力设备和管路的腐蚀。在设备运行过程中，有时为了获得更高的脱硫效率，一味地提高脱硫浆液的 pH 值或加大脱硫浆液中脱硫剂的浓度，却加剧了脱硫系统、动力设备、构件和管道的结垢。

(2) 脱硫系统参数设置缺乏科学依据

目前，典型的中小型燃煤锅炉烟气脱硫技术基本上是在原有湿法除尘设备基础上加以改造而成的，或者将火力发电机组大型脱硫设备的等比例缩小后加以应用的，这类脱硫设备在设计和运行中普遍存在利用经验参数或参考大型脱硫设备运行参数的问题。由于中小型燃煤锅炉有其自身特点，其烟气量、烟气温度、烟气成分等与火力发电烟气条件有很大的不同，如果脱硫系统参数设置不能和烟气条件匹配，脱硫效率将受到很大影响。在脱硫效率异常的情况下，由于缺乏理论指导，不能对脱硫系统进行全面的分析，往往简单地采取调整脱硫浆液 pH 值、增加脱硫剂浓度或液气比等措施以满足脱硫要求，在短时间内可能会解决问题，但无法保证脱硫系统的长时间稳定运行。

(3) 脱硫运行成本高，影响企业积极性

我国中小型燃煤锅炉脱硫技术仅仅在起步阶段，尽管随着国家对环境保护要求力度的不断加大，许多企业安装了脱硫设施，但是现有的烟气脱硫技术一般实际运行费用都要高出 SO_2 排污费 1～2 倍以上，企业主要考虑经济效益因素，对污染治理往往是观望或拖延，即使迫于无奈上了脱硫设备，实际的设备运转率也很低。而且由于缺乏科学指导，在脱硫设备运行过程中没有详细的操作规程和规范，工人往往依靠经验运行设备，导致脱硫剂利用率低、脱硫产品无法回收利用、脱硫系统能耗高、故障频繁等，这直接影响脱硫运行的经济性，从而影响企业脱硫的积极性和主动性。

(4) 脱硫塔结构和塔内流场单一

中小型燃煤锅炉烟气脱硫应用最多的是湿法脱硫技术，所用脱硫塔大多数为麻石水膜脱硫塔或旋风水膜脱硫塔，这些塔一般采用文丘里气液混合接触或塔内周边布水、顶部喷淋等形式。气体切向或从底部进入塔后，上升的同时与脱硫浆液接触，由于设计等种种原因，脱硫浆液和气流运动形式单一，导致塔内存在死区，气液接触面积和接触时间无法得到保证，脱硫效率远低于设计值。

(5) 脱硫系统自控水平低

由于中小型燃煤锅炉烟气除尘技术的自控水平不高，相当数量的除尘设备都是手工操作，因而基于除尘设备改进的脱硫设备的自控水平也较低。脱硫剂的投加量与投加时间间隔多是由操作人员决定，对脱硫浆液的 pH 值和液气比缺乏监测，不能根据烟气浓度的变化而及时进行调整，使脱硫设备的净化效率达不到设计值。虽然目前生产、销售的脱硫设备，设计效率基本在 70%以上，有的甚至高达 90%以上，但由于缺乏有效的自控手段，实际脱硫效率也仅为 50%左右。

(6) 脱硫剂形式单一，添加剂强化脱硫研究应用少

目前，中小型燃煤锅炉烟气绝大部分采用湿法脱硫技术，脱硫剂多为石灰石或石灰。石灰石用于烟气脱硫时，脱硫系统运行参数的控制较为复杂，设备很容易出现结垢和腐蚀。石灰用于烟气脱硫时，为了达到需要的脱硫效率，往往设置的浆液 pH 值过高，也容易引起脱硫设备结垢。而且，在脱硫系统运行过程中，往往在出现结垢等问题时通过降低 pH 值(对软垢有效，对硬垢无效)、减少或不加脱硫剂、间断运行等不合理措施加以解决，未从根本上解决问题。

1.4.2 课题的提出

针对目前中小型燃煤锅炉烟气脱硫存在的问题，亟待解决的是脱硫设备与中小型燃煤锅炉负荷的匹配、脱硫塔内流场的优化、脱硫参数的运行优化等问题。为此，本书基于钙基脱硫反应动力学原理，采用双循环运行模式和分段 pH 值控制，设计了适合于中小型燃煤锅炉特点的双循环多级水幕反应器，反应器分上、下两段，通过循环浆液 pH 值分段控制，可有效提高石灰石利用率和脱硫效率，有效防止脱硫系统结垢。通过添加剂强化脱硫试验，考察添加剂的加入对双循环多级水幕反应器脱硫性能的影响，及在预防或防止结垢、腐蚀，提高石灰石溶解和利用率等方面的有效性。

传统中小型燃煤锅炉脱硫反应器脱硫效率不高，是由于反应器内部大量死区的存在、气液接触不佳。为此，本书将研发一种新型的双循环多级水幕反应器，利用流场模拟软件对不同双圆锥和导流堰组合进行流场模拟优化，使反应器内气液接触达到最佳状态，尽量减少或防止死区的出现，有效提高气液接触传质效果和脱硫性能。

现有中小型燃煤锅炉脱硫系统绝大多数是在除尘设备基础上加以改造而成的，或是大型火力发电机组脱硫系统的等比例缩小版，基本上没有具体的、与脱硫系统相符合的脱硫数学模型。鉴于此，本书在系统试验研究的基础上，利用数学建模软件建立脱硫效率与运行参数之间的数学模型，以求理论上指导双循环多级水幕反应器的设计和运行。

1.4.3 主要研究内容

本书将进行双循环多级水幕反应器烟气脱硫性能研究，通过塔内构件的设计、FLUENT 流场模拟和优化，研发双循环多级水幕反应器脱硫系统。利用该系统进行脱硫性能试验、热湿交换性能试验和热态脱硫性能试验，研究烟气 SO_2 浓度、烟气温度、脱硫浆液 pH 值、液气比等条件对脱硫效率的影响，并在热态烟气脱硫试验基础上建立数学模型。

主要研究内容如下：

(1) 双循环多级水幕反应器的研发

双循环多级水幕反应器，以双圆锥和导流堰组合产生的多级水幕代替传统多层喷头喷淋的塔内浆液运动形式。利用 FLUENT 软件对脱硫塔内双圆锥和导流堰组合形成的流场进行正交模拟和优化，通过塔内构件的尺寸和布置方式的优化，使塔内气液混合程度高，接触达到最佳状态。以优化的双圆锥和导流堰组合为模块，设计双循环多级水幕反应器。

(2) 烟气脱硫性能试验

对所研发的双循环多级水幕反应器进行常温条件的正交试验和单因素试验，掌握脱硫效率与空塔风速、进口 SO_2 浓度、脱硫浆液 pH 值、液气比之间的关系，得出常温条件下的最优运行参数。

(3) 添加剂强化脱硫性能研究

通过添加剂强化脱硫试验，考察添加剂的加入对双循环多级水幕反应器脱硫性能的影响，及在预防或防止结垢、腐蚀、提高石灰石溶解和利用率等方面的有效性，为双循环多级水幕反应器在高脱硫效率条件下，低 pH 值浆液、无结垢、无腐蚀长期稳定运行提供理论依据。

(4) 热湿交换性能试验

进行热湿交换性能试验，目的是掌握脱硫反应器进口烟气温度、湿度与脱硫浆液温度变化对出口烟气状况的影响，得出烟气温度、湿度随工艺参数的变化规律。通过设计多因素正交实验,确定对热湿交换性能影响较大的工艺参数。在此基础上设计单因素实验,考察循环浆液液气比、浆液温度和入塔烟气温度对出口烟气状态变化的影响,为热态烟气脱硫试验做准备。

(5) 热态烟气脱硫性能试验

热态试验条件与实际锅炉烟气温度接近,考察在接近实际工况时反应器的运行可靠性,以使试验结论更具实际指导价值。经过热态烟气脱硫正交实验,确定反应器以不同指标为依据得出的优化实验方案。在正交实验基础上进行单因素实验,确定脱硫反应器最佳运行方案。以正交实验和单因素实验得出的优化实验方案对应的工艺参数为依据,进行烟气条件和工艺参数对脱硫性能的影响试验。

(6) 双循环多级水幕反应器数学模型

以热态烟气脱硫试验数据为基础,利用建模软件建立双循环多级水幕反应器脱硫数学模型,有助于从理论角度理解反应器脱硫性能,为双循环多级水幕反应器的实际应用和运行参数的调试提供技术支撑。

2 脱硫反应器的设计和 Fluent 流场模拟优化

脱硫反应器作为烟气脱硫系统气液传质反应的核心部件，其性能直接关系到整个脱硫系统的脱硫效果。理想的脱硫反应器塔内气液流场均匀、接触面积大、传质反应效率高、运行阻力低。本书所设计的双循环多级水幕反应器也从这几方面入手，力求塔内结构简单、高效。

2.1 脱硫反应器设计思想

2.1.1 双循环多级水幕反应器的设计

吸收液 pH 值是影响湿法烟气脱硫效率的主要影响因素之一，控制合适的 pH 值是保证脱硫率的关键。因此，所有湿式脱硫工艺的研发都把研究的重点放在吸收液 pH 值的稳定控制方面。双循环多级水幕反应器的设计，基于钙基湿法脱硫反应器动力学原理和分段控制理念，采用双循环运行模式，上、下循环分别采用不同的浆液 pH 值和液气比（L/G），协调了常规湿法脱硫反应器石灰石利用率和脱硫效率之间的矛盾。双循环多级水幕反应器模型（单段）如图 2-1 所示。

传统喷淋脱硫塔内安装 2～3 层脱硫喷嘴，喷嘴质量要求高且数量多，在运行过程中极易堵塞、腐蚀和破碎，维修维护工作量大。旋风水膜脱硫设备塔内无构件，烟气在进入脱硫塔前的文丘里部分与浆液混合，在离心力的作用下旋转上升，吸收 SO_2 的液滴甩向脱硫塔内壁而被去除。由于文丘里部分压力损失大，加上文丘里渐扩管长度有限，塔内往往存在大量的“死区”，

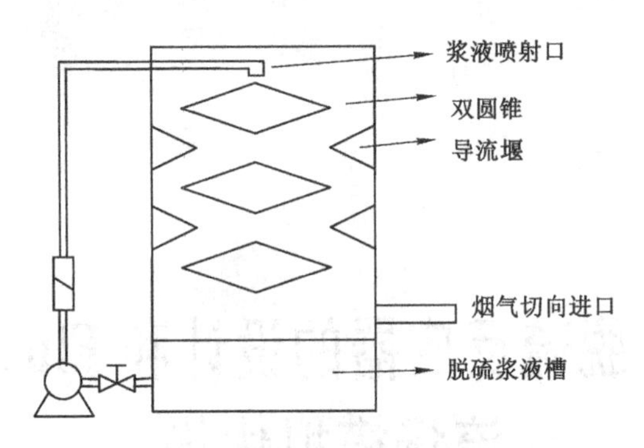

图 2-1　双循环多级水幕反应器单段模型图

气液接触概率和接触时间有限，导致该类型脱硫设备能耗高、脱硫效率低。麻石水膜脱硫设备塔内壁有一层脱硫浆液膜，或增设单层简易喷淋装置，烟气一般从底部沿切向旋转上升，在上升过程中与脱硫浆液接触，达到脱硫目的。该类型脱硫设备虽然能耗低，但由于气流和浆液运动形式单一，脱硫塔内同样存在大量的死区，气液传质面积和接触概率受限，故脱硫效率也不高。鉴于此，本书双循环多级水幕反应器在反应塔内构件研发时，力求简单、高效，构件组合具有气液运动形式丰富、传质面积大、接触概率高、流场均匀稳定、维修维护工作量小等优点。

2.1.2　反应器塔内构件的设计

双循环多级水幕反应器内部构件由双圆锥和导流堰组合而成，双圆锥构件由两个相同的圆锥体合成，上圆锥接受脱硫浆液喷口喷出的浆液，在其表面形成液膜和液滴，液膜沿母线方向向下运动。浆液在运动过程中，一部分浆液到达塔内壁形成液膜，液膜下降至导流堰，通过导流堰将浆液汇集到中心部位，跌落到下一个组合的双圆锥锥顶；另一部分浆液沿下圆锥表面向下运动，到达下圆锥锥底后成液柱状跌落至下一个双圆锥锥顶。形成的水幕级数与双圆锥和导流堰组合的数量（模块数）多少有关。双圆锥体与导流堰结构如图 2-2 所示。

由于双圆锥直径、圆锥角、导流堰水平直径、导流堰角度以及双圆锥中心线与导流堰中心线的距离等参数的变化对塔内气液流场影响很大，且目前没有相关资料可供参考，如果分别做成实体模型进行脱硫试验，制作成本和工作量将不可想象。而对于湿法脱硫工艺，脱硫效率的大小除与浆液 pH

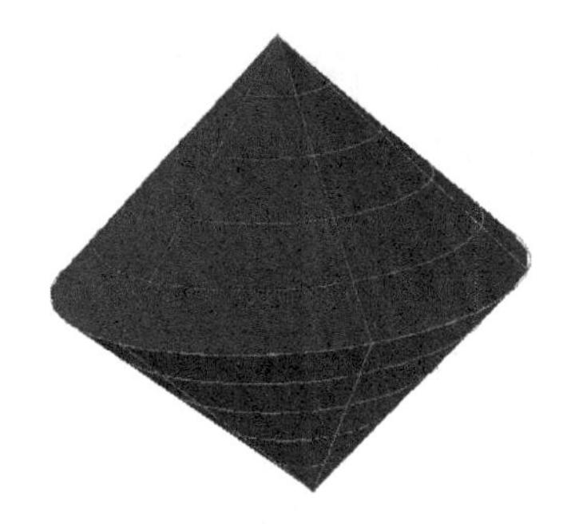

图 2-2 双圆锥体与导流堰结构图

值、浆液浓度有关外，与气液间的接触效果也有直接关系。同等条件下，气液接触面积越大，气液间的传质效果越好，脱硫效果越高。因此，本书通过正交实验设计，利用 Fluent 流场模拟软件进行流场正交模拟，得出气液接触效果最佳的一组组合，在此基础上进行脱硫性能试验研究。

2.2 基于计算流体力学的流场模拟软件

计算流体力学(CFD，computational fluid dynamics)是一门迅速发展的学科，是计算数学与流体力学的交叉学科，以计算机数值计算方法为基础，直接求解流动主控方程(Euler 或 N-S 方程)，并结合图形显示方式，在时空上定量描述流场的数值解，达到对物理问题进行细致研究的目的。

计算流体力学作为一种新颖、有效的新手段，在利用传统数学手段难以实现的复杂边界条件、几何形状或研究代价过高，以及工程装置的优化和放大设计方面具有独特的优势。为便于用户运用 CFD 软件处理不同类型的工程问题，CFD 商用软件往往将复杂的 CFD 过程集成，通过一定的接口，让用户快速地输入有关参数，通过运算后得出准确的结果。所有的商用 CFD 软件均包括三个基本环节：前处理、求解和后处理。与之对应的程序模块常简称为前处理器(preprocessor，主要任务是建立几何模型、生成计算网格、定义计算区域)、求解器(solver，进行数值计算)、后处理器(postprocessor，目的是有效地观察和分析流动计算结果)[111-114]。常见的 CFD 软件有 Fluent、CFX、STAR-CD、pH 值 OENICS、NUMECA 等。Fluent 软件的组成如图 2-3所示。

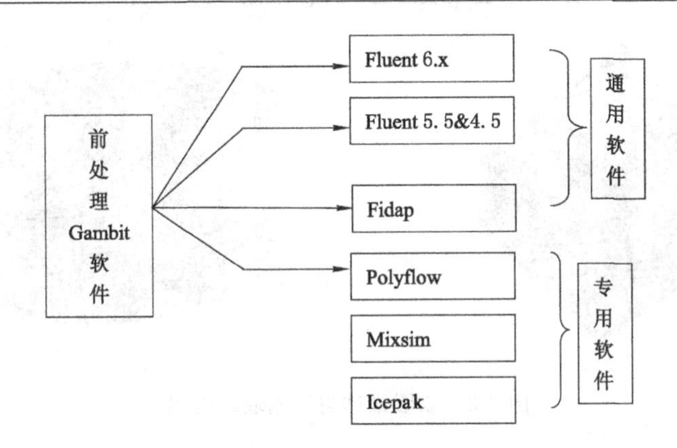

图 2-3　Fluent 软件的组成

国内已有多位学者在环境工程专业领域，特别是除尘和烟气脱硫方向，采用数值模拟方法对除尘设备和脱硫反应装置的气流流场进行模拟，而国外学者的研究重点主要集中在脱硫反应机理或浆液液滴的运动方面，针对脱硫反应塔内部流场的研究较少[112-113]。

由于 Fluent 是最为专业化的、功能最强的 CFD 分析软件，所以本书采用 Fluent 6. 3. 26 作为求解工具及后处理工具，对反应器内气液流场进行模拟。

流场模拟的实现需要三个软件即 AutoCAD、Gambit 和 Fluent 协同完成，首先利用 AutoCAD 软件进行图形绘制，其次运用 Gambit 软件进行网格划分，最后利用 Fluent 软件进行流场模拟和优化。AutoCAD(auto computer aided design)是美国 Autodesk 公司于 1982 年生产的自动计算机辅助设计软件，目前已经成为国际上广为流行的绘图工具[115-117]。AutoCAD 软件发展至今，版本很多，本次模拟用版本为 AutoCAD 2004。

Gambit 软件是一种面向计算流体力学(CFD)的前处理器软件，包含较为全面的几何建模能力和功能强大的网格划分工具，可以划分出包含边界层在内的、CFD 有特殊要求的高质量网格。Gambit 可生成 Fluent 5、Fluent 4. 5、Fidap、PolyFlow 等求解器所要求的指定网格。Gambit 软件将功能强大的几何建模能力与灵活易用的网格生成技术集为一体。

使用 Gambit 软件，大大减少了 CFD 应用过程中建立几何模型、流场和划分网格所需要的时间。用户完全可以直接用 Gambit 软件建立复杂的实体模型，也可从主流的 CAD/CAE 系统中直接读取数据。

Gambit 软件自动化程度较高，所生成的网格可以是非结构化的，也可以是多种类型组成的混合型网格[118-121]。对于体网格，可设置垂直于壁面方向的边界层，从而可划分出高质量的贴体网格。由于其他通用的 CAE 前处理器主要是根据结构强度分析需要而设计的，在结构分析过程中不存在边界层问题，因而采用该类工具生成的网格难以满足 CFD 计算的要求，而 Gambit 软件则解决了这一特殊要求[120-121]。

本书流场数值模拟选用 Gambit 2.3.16 作为模型建立及网格生成工具，采用混合结构网格划分方法将计算区域离散，通过 Gambit 的绘图用户界面(GUI)建立模型并进行网格化。

2.3 模拟数学模型与边界条件

2.3.1 数学模型的选择

本书所设计的双循环多级水幕反应器塔内脱硫浆液以液滴和液膜形式存在，烟气连续通过塔内构件。在流场模拟时，液滴可视为颗粒，液膜可视为由无数个液滴组成，即可视为无数个颗粒；烟气可视为连续介质，在通过塔内构件时与液滴和液膜的接触可视为连续介质与无数个颗粒之间的相互作用。基于以上特点，通过模型分析和比较后可知，颗粒轨道模型可完全胜任该流场模拟。

由于拉格朗日坐标系对每一个离散颗粒所列出的方程均由两部分作用力组成，即连续流体对颗粒的作用力和颗粒之间相互碰撞所产生的作用力，而稀疏两相流颗粒轨道模型正好将颗粒视为离散相，因此，稀疏两相流颗粒轨道模型能直接模拟颗粒间的碰撞过程。

通过以上分析可知，稀疏两相流颗粒轨道模型具有物理意义简明、方程形式简单等优点，但存在计算过程复杂的缺点[122-123]。因此，本书流场模拟采用颗粒轨道模型的颗粒湍流扩散模拟和随机轨道模型，既简化了模拟过程，也兼有物理意义简明、方程式简单、收敛速度快等优点。

2.3.1.1 颗粒轨道模型基本守恒方程

拉格朗日坐标被用于颗粒轨道模型处理颗粒相的问题。颗粒轨道模型完整地考虑了颗粒与流体间的相互作用,这与单颗粒动力学模型存在明显不同之处。而考虑了颗粒与流体间速度及温度的大滑移,且认为速度和温度的滑移与扩散漂移无关,这是与小滑移和无滑移模型的不同之处。而且,最初的颗粒轨道模型只限于确定轨道概念,未对颗粒扩散现象予以考虑。

该模型包括以下几点假设[122]:

① 颗粒被视为与流体有滑移(有可能滑移很大)的离散群;

② 最初的轨道模型,未考虑颗粒的湍流扩散、黏性及导热等问题;

③ 颗粒之间的分组是以原始或初始尺寸为准,组间无联系,仅存在颗粒自身的质量变化;颗粒在尺寸不断减小的过程中,在任何时刻均具有相同的速度和温度;

④ 各组颗粒均具有特定的初始出发位置,沿各自的轨道运动;一组颗粒沿一个轨道运动,互不干涉;沿轨道方向可追踪颗粒的质量、尺寸或材料密度、温度等参数的变化;

⑤ 颗粒作用于流体相的质量、动量及能量源,等价地散布于流体单元内。

由以上基本模型假定,忽略颗粒相自身的各变量的脉动,同时忽略流体相的密度脉动及变质量源脉动,即可得到颗粒轨道模型的湍流两相流基本方程组。

流体相连续方程:

$$\frac{\partial \rho}{\partial t} + \frac{\partial}{\partial x_j}(\rho v_j) = S \tag{2-1}$$

$$S = -\sum_k S_k = -\sum n_k \dot{m}_k \tag{2-2}$$

式中 ρ——流体密度;

x_j——流体 j 方向上位置;

S——定义源项;

S_k——颗粒作用的源项;

n_k——颗粒的数密度;

v_j——j 方向上的流体流速;

$\dot{m}_k$——颗粒质量损失率。

k 组颗粒连续方程:

$$\frac{\partial \rho_k}{\partial t} + \frac{\partial}{\partial x_j}(\rho_k v_{kj}) = S_k \tag{2-3}$$

式中 ρ_k——颗粒密度；

x_j——流体 j 方向上位置；

v_{kj}——j 方向上的颗粒流速；

S_k——颗粒作用的源项。

流体相动量方程：

$$\frac{\partial}{\partial t}(\rho v_i) + \frac{\partial}{\partial x_j}(\rho_k v_{kj} v_{ki}) = -\frac{\partial p}{\partial x_i} + \frac{\partial x}{\partial x_j}\left[\mu_e\left(\frac{\partial v_j}{\partial x_i} + \frac{\partial v_i}{\partial x_j}\right)\right] + \Delta\rho g_i + \sum_k \rho_k(v_{ki} - v_i)/\tau_{rk} + v_i S + F_{Mi} \tag{2-4}$$

式中 ρ——流体密度；

ρ_k——颗粒密度；

v_i, v_j——分别为 i,j 方向上的流体流速；

x_j——j 方向上的流体位置；

x_i——i 方向上的流体位置；

v_{kj}——j 方向上的颗粒流速；

v_{ki}——i 方向上的颗粒流速；

μ_e——湍流的黏性系数；

τ_{rk}——颗粒湍流脉动时间；

S——定义源项；

$\Delta\rho g_i$——单位流体所受外力；

F_{Mi}——Magnus 力，单位体积中流体的升力。

k 组颗粒动量方程：

$$\frac{\partial}{\partial t}(\rho_k v_{ki}) + \frac{\partial}{\partial x_j}(\rho_k v_{kj} v_{ki}) = \rho_k(v_{ki} - v_i)/\tau_{rk} + \rho_k g_i + v_i S_k + F_{k,Mi} \tag{2-5}$$

式中 ρ_k——颗粒密度；

v_{ki}——i 方向上的颗粒流速；

v_i——i 方向上的流体流速；

x_j——j 方向上的流体位置；

v_{kj}——j 方向上的颗粒流速；

τ_{rk}——颗粒湍流脉动时间；

g_i——重力常数；

S_k——颗粒作用的源项；

$F_{k,Mi}$——Magnus 力，单位体积中颗粒的升力。

流体能量方程：

$$\frac{\partial}{\partial t}(\rho c_p T) + \frac{\partial}{\partial x_j}(\rho_k v_j c_p T) = \frac{\partial}{\partial x_j}(\frac{\mu_e}{\sigma_T} \cdot \frac{\partial T}{\partial x_j}) + w_s Q_s - q_r + \sum_k n_k Q_k + c_p TS \tag{2-6}$$

式中 ρ, p_k——分别为流体、颗粒的密度；

c_p——流体比热容；

T——流体热力学温度；

x_j, v_j——j 方向上的流体位置、流体流速；

μ_e——湍流的黏性系数；

σ_T——模型常数，参考值取 1.0；

q_r——耗散项，流体辐射热；

w_s——流体相中 S 组分反应率；

$w_s Q_s$——流体相中单位体积反应热；

n_k——颗粒的数密度；

Q_k——颗粒与流体间的传热；

S——用户定义源项。

k 组颗粒能量方程：

$$\frac{\partial}{\partial t}(\rho_k c_k T_k) + \frac{\partial}{\partial x_j}(\rho_k v_{kj} c_k T_k) = n_k (Q_h - Q_k - Q_{rk})/\tau_{rk} + c_p TS_k \tag{2-7}$$

式中 ρ、ρ_k——分别为流体、颗粒的密度；

c_p——流体比热容；

c_k——颗粒的体积浓度；

T——流体热力学温度；

x_j——j 方向上流体位置；

v_{kj}——j 方向上的颗粒流速；

n_k——颗粒的数密度；

Q_h——异相反应热；

Q_k——颗粒与流体间的传热；

Q_{rk}——颗粒辐射热；

τ_{rk}——颗粒湍流脉动时间；

S_k——颗粒作用的源项。

流体组分方程：

$$\frac{\partial}{\partial t}(\rho Y_s)+\frac{\partial}{\partial x_j}(\rho_k v_j Y_s)=\frac{\partial}{\partial x_j}(\frac{\mu_e}{\sigma_y}\cdot\frac{\partial Y_s}{\partial x_j})-w_s+\alpha_s S \tag{2-8}$$

式中 ρ——流体的密度；

Y_s——质量分数；

x_j——j 方向上的流体位置；

μ_e——湍流的黏性系数；

σ_y——模型常数，参考值取 1.3；

w_s——流体流速分量；

α_s——体积分数；

S——用户定义的源项。

对于颗粒相与流体间能量的分配目前有几种不同的观点。一种观点认为，包括流体相的反应，颗粒相的蒸发、挥发、异相反应等在内的所有热效应都附加给颗粒相，再由颗粒相以热传递形式传给流体相，该假设预测得出的颗粒温度误差较大。另一种观点认为，所有热效应不是附加给颗粒相的，而是附加给流体相的，再由流体相以热传递形式传递给颗粒相，该假设预测的流体最终温度误差也较大。

所有这些不同观点的适用性，还需通过对高温两相流中分相温度的精确测量加以进一步验证。

由于颗粒轨道模型中不存在颗粒扩散项，因此颗粒相时均方程组可化为如下拉格朗日坐标系中的方程组形式。

颗粒连续相方程：

$$N_k=\int_A n_k v_{kn}\,\mathrm{d}A=\text{const} \tag{2-9}$$

式中 N_k——单位时间内通过的颗粒数总通量；

n_k——颗粒的数密度；

v_{kn}——颗粒运动速度；

A——流通面积。

颗粒动量方程：

$$\frac{\mathrm{d}T_{ki}}{\mathrm{d}t}=(v_i-v_{ki})/\tau_{rk}+g_i+\frac{F_{m,ki}}{n_k m_k}+(v_i-v_{ki})\dot{m}_k/m_k \tag{2-10}$$

式中 T_{ki}——颗粒 i 方向热力学温度；

v_i——i 方向上的流体流速；

v_{ki}——i 方向上的颗粒流速；

τ_{rk}——颗粒湍流脉动时间；

g_i——重力常数；

$F_{m,ki}$——Magnus 力，单位体积中颗粒的升力；

n_k——颗粒的数密度；

$\dot{m}_k$——颗粒质量损失率；

m_k——颗粒质量。

颗粒能量方程：

$$\frac{\mathrm{d}T_k}{\mathrm{d}t}=[Q_h-Q_k-Q_{rk}+\dot{m}_k(c_pT-c_kT_k)/c_km_k] \tag{2-11}$$

式中 T_k——颗粒热力学温度；

Q_h——异相反应热；

Q_k——颗粒与流体间的传热；

Q_{rk}——颗粒辐射热；

$\dot{m}_k$——颗粒质量损失率；

c_p——流体比热容；

c_k——颗粒比热容；

T——流体热力学温度；

m_k——颗粒质量。

2.3.1.2 颗粒轨道模型的颗粒湍流扩散模拟

由以上分析可知，由于最初的颗粒轨道模型描述中，颗粒均沿各自的轨道运动而互不干涉，颗粒数总通量沿轨道保持守恒，因此模型不涉及颗粒湍流扩散的概念。但实际上，颗粒的湍流扩散不仅存在，而且对结果往往起非常重要的作用。

因此，颗粒轨道模型在其发展过程中，必须考虑湍流扩散效应对结果的影响。所以，必须对最初的颗粒轨道模型进行修正。一种较为简单的修正方法是，引入所谓“漂移速度”或“漂移力”的概念，即仅仅考虑扩散对轨道位置改变的影响。可认为颗粒运动速度由两部分组成，即

$$v_{ki} = v_{kc,i} + v_{kd,i} \tag{2-12}$$

式中　v_{ki}——颗粒运动速度；

$v_{kd,i}$——颗粒扩散“漂移”速度；

$v_{kc,i}$——颗粒扩散“对流”速度。

$v_{kc,i}$是不考虑湍流扩散的颗粒时均动量方程解出，而 $v_{kd,j}$则假设其取决于 Fick 定律形式的梯度扩散律，如下式所示：

$$-\rho_k v_{kd,i} = -n_k m_k v_{kd,i} = D_k m_k \frac{\partial n_k}{\partial x_i} \tag{2-13}$$

式中　ρ_k——颗粒密度；

$v_{kd,i}$——颗粒扩散“漂移”速度；

n_k——颗粒的数密度；

m_k——颗粒质量；

D_k——颗粒扩散系数。

从方程(2-13)可看出，方程已引入了欧拉坐标系中颗粒拟流体模型的相关概念。方程中的颗粒扩散系数 D_k 可由 Hinze-Tchen 公式确定，如下式所示：

$$D_k = v_k/\sigma_k \tag{2-14}$$

$$v_k/v_T = [1 + \tau'_{rk}/\tau_T]^{-1} \tag{2-15}$$

式中　σ_k——模型常数，参考值取 0.35；

v_k——颗粒运动速度；

v_T——流体的湍流黏性系数；

τ_T——流体湍流脉动时间；

τ'_{rk}——按 Stokes 阻力确定的弛豫时间。

$$v_T = C_\mu k^2/\varepsilon \tag{2-16}$$

式中　v_T——流体的湍流黏性系数；

C_μ——模型常数，参考值取 0.09；

k——湍动能；

ε——湍流强度。

$$\tau_T = l/u' = \sqrt{\frac{3}{2}} C_\mu^{3/4} k/\varepsilon \tag{2-17}$$

$$\tau'_{rk} = \overline{\rho_p} d_k{}^2/(18\mu) \tag{2-18}$$

式中　τ_T——流体湍流脉动时间；

l——流动长度；

u'——x 方向上速度分量；

τ'_{rk}——按 Stokes 阻力确定的弛豫时间；

$\overline{\rho_p}$——颗粒平均密度；

d_k——颗粒直径；

μ——溶液黏度。

还有一种与上述修正方法较为类似的模拟修正方法，即引入"漂移力"的概念，对颗粒时均动量方程的误差通过漂移力进行修正，则该方程可改写为：

$$\frac{\mathrm{d}v_{ki}}{\mathrm{d}t}(v_i - v_{ki})/\tau_{rk} + g_i + F_{TDi} \tag{2-19}$$

式中　v_{ki}——i 方向上的颗粒运动速度；

v_i——i 方向上的流体速度；

τ_{rk}——颗粒湍流脉动时间；

g_i——重力常数；

F_{TDi}——漂移力。

式中，漂移力 $F_{TDi} = v_{kd,i}/\tau_{rk}$；而 $v_{kd,i}$ 则取决于：

$$-\rho_k v_{kd,i} = D_k \rho_m \frac{\partial}{\partial x_i}(\rho_k/\rho_m) = \frac{v_k}{\sigma_k}\rho_m \frac{\partial}{\partial x_i}(\rho_k/\rho_m) \tag{2-20}$$

式中　ρ_k——颗粒表观密度；

$v_{kd,i}$——颗粒扩散"漂移"速度；

D_k——颗粒扩散系数；

ρ_m——颗粒表观密度梯度；

x_i——流体位置；

v_k——颗粒运动速度；

σ_k——模型参数，参考值取 0.35。

由方程(2-12)和(2-19)两种修正方法可知，要解此两个方程，需要知道数密度 n_k 或者表观密度 ρ_k 及其梯度三个参数，而拉格朗日的轨道模型无法计算出 n_k 或 ρ_k。鉴于此，可采用另一种近似方法得到，即颗粒浓度按无滑移模型求解得出，再求解以下方程：

$$\frac{\partial n_k}{\partial t}+\frac{\partial}{\partial x_j}(n_k v_j)=\frac{\partial}{\partial x_j}(\frac{v_e}{\sigma_k}\cdot\frac{\partial n_k}{\partial x_j}) \tag{2-21}$$

式中 n_k——颗粒的数密度；

x_j——无滑移流体位置；

v_j——j 方向上的流体速度；

σ_k——模型参数，参考值取 0.35；

v_e——瞬时速度。

也即假设流体与颗粒时均速度及扩散系数相等，在此前提下，求出 n_k 值，用 n_k 值来确定 $v_{kd,j}$ 值，从而对轨道位置进行修正。在上式中，σ_k 一般取值为 0.35。

2.3.1.3 颗粒轨道模型的随机轨道模型

引入颗粒湍流扩散“漂移速度”或“漂移力”对颗粒轨道模型进行模拟修正，该修正方法的优点是简单易行，但这种修正的局限是仅修正了轨道的位置及沿轨道的速度，而无法对颗粒速度及浓度场作出修正。因此，该修正方法仍然存在缺陷，还必须引入诸如浓度梯度、扩散系数在内的拟流体模型的概念。目前已发展形成了一种称之为随机轨道的模型。

该模型是从轨道形式的颗粒瞬时方程组出发直接形成的，模型在全面考虑流体湍流对颗粒作用的前提下，计算出颗粒随机轨道及沿轨道的变化经历，而无需用到颗粒湍流扩散系数。由颗粒瞬时动量方程出发，可得出如下方程：

$$\frac{\mathrm{d}v_{ki}}{\mathrm{d}t}=(v_i-v_{ki})/\tau_{rk}+g_i \tag{2-22}$$

式中 v_{ki}——颗粒运动速度；

v_i——流体速度；

τ_{rk}——颗粒湍流脉动时间；

g_i——重力常数。

由 $v_i=\overline{v_i}+v_i{}'$，对颗粒各速度分量求解：

$$\frac{\mathrm{d}u_k}{\mathrm{d}t}=(\overline{u}+u'-u_k)/\tau_{rk} \tag{2-23}$$

$$\frac{\mathrm{d}v_k}{\mathrm{d}t}=(\overline{v}+v'-v_k)/\tau_{rk}+\frac{{w_k}^2}{r_k}+g \tag{2-24}$$

$$\frac{\mathrm{d}w_k}{\mathrm{d}t}=(\overline{w}+w'-w_k)/\tau_{rk}-\frac{v_k w_k}{r_k} \tag{2-25}$$

式中 u_k,v_k,w_k——分别为颗粒轴向、径向及切向瞬时速度；

$\overline{u},\overline{v},\overline{w}$——分别为流体轴向、径向及切向平均速度；

u',v',w'——分别为流体轴向、径向及切向脉动速度分量。

在假设流体湍流具有各向同性和局部均匀等性质、速度脉动符合当地高斯概率密度分布的前提下，可计算出颗粒随机轨道，即

$$x_k=\int u_k\mathrm{d}t,\quad r_k=\int v_k\mathrm{d}t,\quad \theta_k=\int(w_k/r_k)\mathrm{d}t \tag{2-26}$$

式中 x_k——颗粒瞬时位置；

u_k——颗粒轴向瞬时速度；

v_k——颗粒径向瞬时速度；

θ_k——颗粒切向瞬时速度；

r_k——颗粒半径。

颗粒与流体涡团的相互作用时间 τ_{int} 可取值为：

$$\tau_{\mathrm{int}}=\min[\tau_{\mathrm{e}},\tau_{\mathrm{R}}]$$

式中 τ_{e}——随机涡团的生存时间；

τ_{R}——颗粒穿过随机涡团所需的时间。

$$\tau_{\mathrm{e}}=l_{\mathrm{e}}/(\overline{u'^2})^{1/2}=\sqrt{3/2}\,C_{\mu}^{3/4}k/\varepsilon \tag{2-27}$$

$$\tau_{\mathrm{R}}=-\tau_r\ln\left(1-\frac{1}{\tau_r\left|v-v_k\right|}\right) \tag{2-28}$$

式中 τ_{e}——随机涡团的生存时间；

τ_R——颗粒穿过随机涡团的所需时间；

l_{e}——颗粒穿过随机涡团的所需距离；

τ_r——颗粒的弛豫时间；

C_{μ}——模型常数，参考值取 0.09；

k——湍动能；

ε——湍流强度。

2.3.2 湍流边壁的处理

边壁对湍流流动的影响非常大，因此对于湍流边壁的处理很关键。对于近壁区，在进行模拟时，其一般分为层流、过渡层和湍流主体三层[124]。一般用所谓壁函数特定的经验关系对固相边界或壁面附近进行模拟，而标准壁面函数法已成为近壁面区域的常用建模方法。标准壁面函数是建立在 Launder 和 Spalding[125] 的假设前提下的，广泛应用于工程流动领域的模拟。

标准壁面函数能为大多数高雷诺数边界限制流提供合理、精确、有效的预测。但当流动条件与基本的壁面函数理想条件相差太大时，例如在强压力梯度导致边界层分离或沿壁面有大量耗散等特殊情况下，标准壁面函数将不再可靠。这时，需要对标准壁面函数加以改进。

增强型壁面函数是在标准壁面函数基础上，使用由 Kader 提出的函数[126]将线性的和对数的壁面规则综合起来，并结合 White、CristopH 等的处理方法[127]，得到的增强型壁面处理规则：

$$\mathrm{d}u_{\mathrm{turb}}^{+}/\mathrm{d}y^{+} = (1/ky^{+}) \cdot [S'(1-\beta u^{+}-\gamma u^{+2})]^{1/2} \tag{2-29}$$

当 $y^{+}<y_{s}^{+}$ 时，$S'=1+\alpha y^{+}$，当 $y^{+}\geqslant y_{s}^{+}$ 时，$S'=1+\alpha y_{s}^{+}$。

$$\alpha = (v_{w}/\tau_{w}u^{*}) \cdot \mathrm{d}p/\mathrm{d}x = [/\rho^{2}(u^{*})^{3}] \cdot \mathrm{d}p/\mathrm{d}x \tag{2-30}$$

$$\beta = \sigma_{t}q_{w}u^{*}/(c_{p}\tau_{w}T_{w}) = \sigma_{t}q_{w}/(\rho c_{p}u^{*}T_{w}) \tag{2-31}$$

$$\gamma = \sigma_{t}(u^{*})^{2}/(2c_{p}T_{w}) \tag{2-32}$$

式中 u_{turb}^{+}——增强型壁面不同子层湍流速度；

u^{+}——壁面不同子层湍流速度；

y^{+}——壁面不同子层的高度；

y_{s}^{+}——对数壁面规则斜率保持不变的位置；

α——表征压力梯度的影响；

β,γ——表征热的影响；

k——湍动能；

S'——定义源项；

v_{w}——壁面流体运动速度；

T_{w}——壁面温度；

q_{w}——壁面热流量；

τ_{w}——壁面流体流经时间；

p——流体压力；

ρ——流体密度；

u^*——平均流速；

σ_t——模型常数，参考值取1.0；

c_p——流体比热容。

y_s^+ 表示对数壁面规则斜率保持不变的位置，系数 α 表征压力梯度的影响，系数 β 和 γ 表征热的影响。

线性的壁面规则由以下表达式确定：

$$\mathrm{d}u_{\mathrm{lam}}^+/\mathrm{d}y^+ = 1 + \alpha y^+ \tag{2-33}$$

式中　u_{lam}^+——壁面线性(薄片状)速度。

湍流动能的壁面条件完全符合标准壁面函数的应用条件。增强型壁面函数考虑到压力梯度和其他可变性质的影响，保证 y^+ 大小数值的渐近性质和壁面缓冲区($2<y^+<10$)内 y^+ 减小处速度的合理描述。

综合以上因素，本次 Fluent 流场模拟采用增强型壁面函数法进行处理。

2.3.3　初始条件及模拟收敛条件

入口边界速度 $u_{\mathrm{in}}=2.0\sim3.0$ m/s，模拟 $L/G=15\sim20$ L/m^3，入口烟气温度 $T_{\mathrm{in}}=375$ K，入口处 k、ε 值由以下公式确定：

$$k_{\mathrm{in}}=0.005u_{\mathrm{in}}^2 \quad \varepsilon_{\mathrm{in}}=C_\varepsilon k_{\mathrm{in}}{}^{1.5}/l_{\mathrm{m}}$$

式中　u_{in}——入口边界速度；

k_{in}——入口边界湍动能；

C_ε——模型常数，数值为 $C_\mu{}^{0.75}$，C_μ参考值取0.09；

$\varepsilon_{\mathrm{in}}$——入口边界湍流强度；

l_{m}——水力半径。

其中，$C_\varepsilon=C_\mu^{0.75}$，$l_{\mathrm{m}}=1/4\ D_{\mathrm{eq}}$，$D_{\mathrm{eq}}$为入口的当量直径。

模拟收敛条件为：

① 残差波动小或无明显变化；

② 进出口质量流量保持平衡稳定。

模拟结果符合以上两个条件即可认为模拟结束，否则须不断进行参数修正和调整。若 Fluent 软件通过长时间的运行、参数修正和调整，模拟结果未满足以上两个条件,则可认为所设计的模型存在缺陷,Fluent 流场模拟失败。

2.4 Fluent 模拟正交试验设计

2.4.1 正交试验设计

本次正交试验所用脱硫反应器塔体直径为 300 mm,双圆锥的母线夹角变化范围为 30°～120°,双圆锥的水平直径变化范围为 200～280 mm,双圆锥水平中心线与导流堰水平中心线垂直距离(简称中心间距)为 100～250 mm,导流堰夹角变化范围为 30°～90°,导流堰水平宽度为 30～100 mm。利用正交设计软件进行正交试验设计,得出 5 因素 4 水平正交试验表,如表 2-1 所示。

表 2-1 5 因素 4 水平正交试验表

双圆锥母线夹角/(°)	双圆锥水平直径/mm	中心间距/mm	导流堰夹角/(°)	导流堰水平宽度/mm	正交编号—	模拟编号—
30	200	100	30	30	1	1
30	220	150	45	50	2	2
30	250	200	60	80	3	3
30	280	250	90	100	4	不合理
45	200	150	60	100	5	4
45	220	100	90	80	6	5
45	250	250	30	50	7	6
45	280	200	45	30	8	不合理
90	200	200	90	50	9	7
90	220	250	60	30	10	8
90	250	100	45	100	11	不合理
90	280	150	30	80	12	不合理
120	200	250	45	80	13	9
120	220	200	30	100	14	10
120	250	150	90	30	15	不合理
120	280	100	60	50	16	不合理

通过正交试验设计，利用 AutoCAD 2004 软件进行图形绘制，选用 Gambit 2.6 作为模型建立及网格生成工具，采用混合结构网格划分方法将计算区域离散；选用 Fluent 6.3 作为求解工具及后处理工具，采用 RNG k-ε 模型对湍流方程进行求解，采用 Simplec 算法对流场压力-速度进行耦合。

2.4.2 Gambit 网格划分

对问题的求解是在每一个网格上进行的，因此，网格质量直接影响计算的收敛性与准确性。网格越密、数量越多，计算越精确，但计算所需时间也可能越长，对计算机配置要求也越高。因此，寻求计算准确性与计算经济性间的平衡，需要长期的经验积累。在 AutoCAD 2004 图形绘制过程中发现正交编号为 4、8、11、12、15 和 16 共 6 种组合明显不合理(见表 2-1)，无法实现模拟，所以在利用 Gambit 软件进行网格划分时不考虑这 6 种组合，只对剩余的 10 种组合进行高密度的网格划分。

针对圆锥体和导流堰，曾尝试将模型分为若干部分分别划分网格：下端圆锥体以下部分和上段圆锥体以上部分采用结构化网格(Cooper 方式)，两者之间采用非结构化网格(TGrid 方式)，进气管道采用结构化网格(Cooper 方式)。这样划分网格可以减少计算资源的消耗，在一定程度上可以缩短计算时间。但是由于进口管道与主塔的网格衔接存在问题，最终放弃。

经反复尝试，最终确定生成三维模型网格，进气管道和上段圆锥体以上部分采用结构化网格(Cooper 方式)，其余部分均采用非结构化网格(TGrid 方式)，控制网格数量在 85 万左右，同时在局部缝隙较小的地方进行网格加密，调整后的网格数量可达到 110 万左右。该建模方式避免了局部网格质量问题对整体运算稳定性的影响，最大限度地使用计算内存，提高计算精度，减少计算时间[128]。

2.5 流场模拟结果与分析

2.5.1 流场模拟结果

模拟通过 6 台配置为 Intel(R) Core(TM)2 Duo CPU E8400、主频为 3.00 GHz、内存为 2.00 GB 的计算机实现。经过为期 3 个月的模拟，将正交试验设计出的 8 组方案成功地进行了模拟。

2.5.1.1 速度等高廓线分布图

由于方案 1 和方案 9 在模拟过程中一直处于发散状态，长时间的参数修正后未达到稳定和平衡要求，导致模拟失败，因此，此次分析中未出现方案 1 和方案 9。剩余 8 组方案流场模拟出的塔内构件模块化组合的速度等高廓线分布情况如图 2-4 所示。

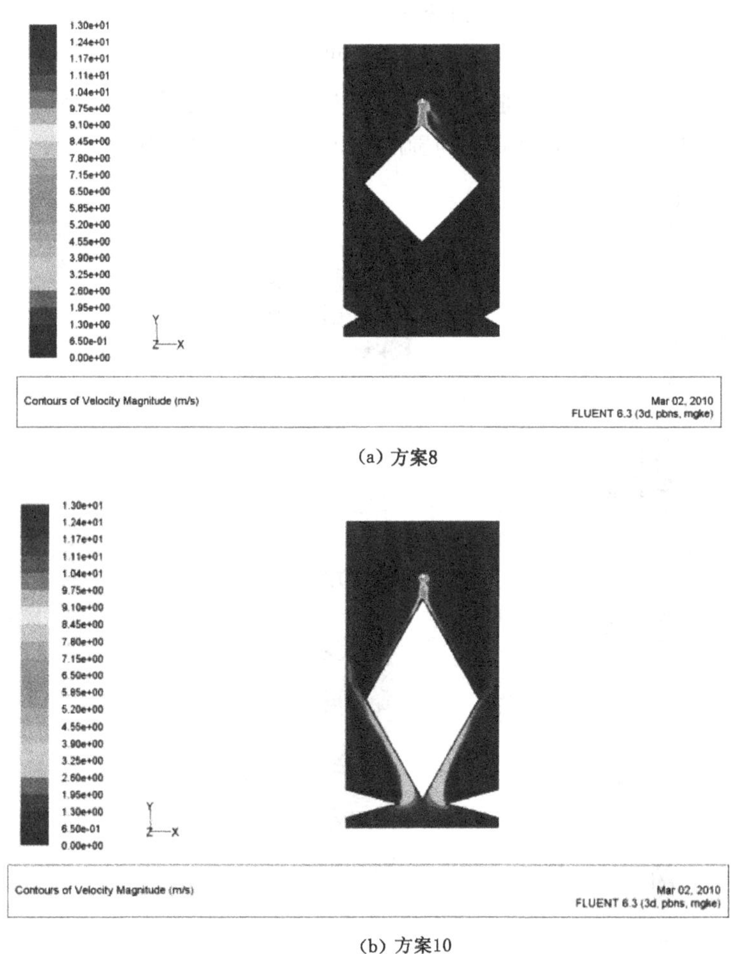

(a) 方案8

(b) 方案10

图 2-4 塔内构件模块化组合的速度等高廓线分布(单位:m/s)

注:图中日期为模拟结果调用日期,而非模拟日期。

2.5.1.2 速度矢量分布图

图 2-4 所示仅是速度等高廓线分布,无气流和浆液(或液滴)的运动速度方向。为了更准确地作出分析和判断,现将 8 组方案模拟出的塔内构件模块化组合的速度矢量分布情况进行汇总,结果如图 2-5 所示。

2.5.2 流场模拟结果分析

2.5.2.1 速度等高廓线分布图分析

从图 2-4 的速度等高廓线分布情况可以看出,方案 2 的双圆锥呈扁长形,双圆锥与导流堰中心间距偏小,双圆锥边与塔内壁间隙太小,气体从下端经过间隙时的速度明显高于周围的气体流速,导致局部阻力过大。

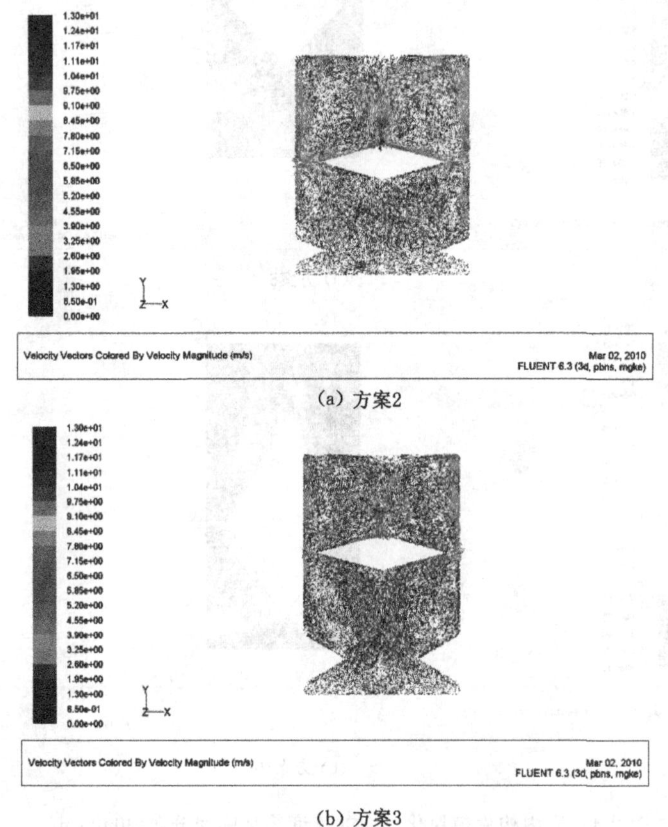

(a) 方案2

(b) 方案3

图 2-5 塔内构件模块化组合的速度矢量分布(单位:m/s)

注:图中日期为模拟结果调用日期,而非模拟日期。

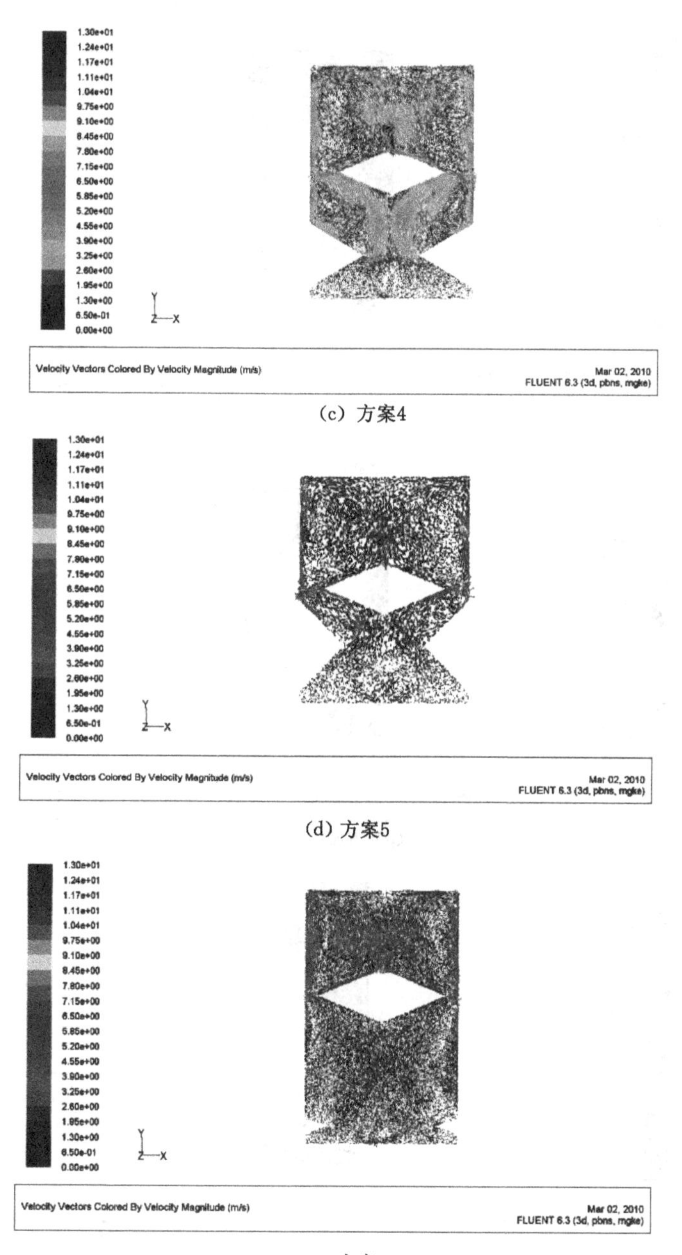

(c) 方案4

(d) 方案5

(e) 方案6

图 2-5(续)

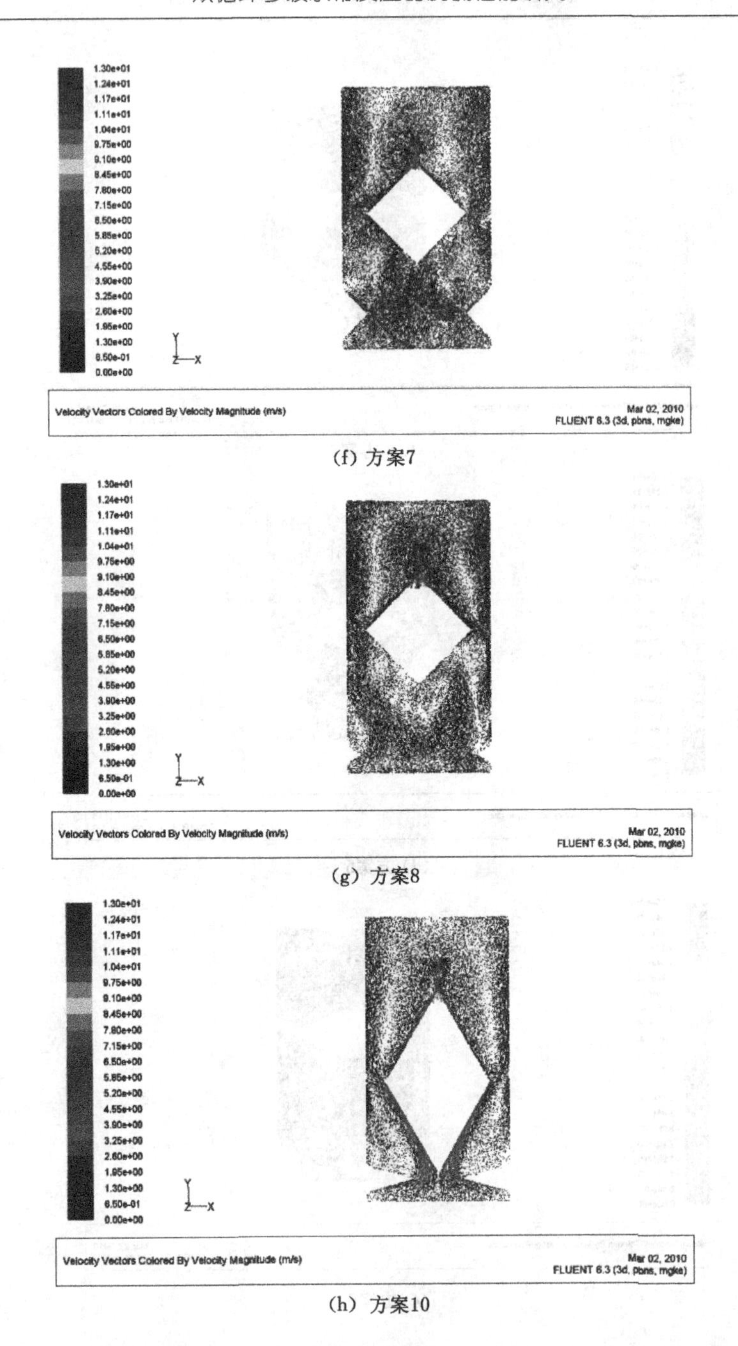

(f) 方案7

(g) 方案8

(h) 方案10

图 2-5(续)

从图中还可以看出，塔内大部分区域的气体流速低于 0.5 m/s，局部区域的速度甚至为 0 m/s，说明塔内部的死区太多，气液接触效果很差。吸收液从圆锥表面到达内壁的时间很短，到达内壁后沿内壁流动，形成的接触面积很小，气液接触效果不好，形成的流场不理想。因此，方案 2 不是理想方案。

方案 3 的双圆锥也呈扁长形，但与导流堰的中心间距增加，气体从入口进入后形成的流场速度分布较有规律，塔中心部位的气体流速较高，最高可达到 4.0 m/s，但在塔中心区域以外，气体流速明显偏低，塔内同样存在大量的死区；由于吸收液从双圆锥表面到达内壁的时间也很短，吸收液只在内壁和间隙处可与气体进行接触，气液接触面积有限，脱硫效率也不高。

方案 4 的双圆锥角度比方案 2、方案 3 大，与导流堰的中心间距增加，气流经过间隙的阻力减小，在锥下端的速度分布很有规律。在塔中心较大范围内气体流速最高达到了 5.5 m/s，塔中心区域以外的部分速度变化也非常明显，速度梯度大。特别是在塔内壁区域的气体流速也达到了 4.0 m/s，这就促进了塔内壁上浆液的雾化，以及浆液或液滴与气体之间的接触。吸收液从双圆锥到达内壁的时间较长，同时由于重力作用，一部分吸收液达到内壁，一部分吸收液沿双圆锥下边缘到达锥底，气体在运动过程中，不仅与内壁吸收液形成的液膜进行接触，而且会与双圆锥底部形成的液膜进行接触，同时也与间隙形成的液膜接触，形成的接触面积很大，气液接触时间也得到保证，流场分布情况远好于方案 2 和方案 3。

方案 5 的双圆锥与导流堰中心间距太小，气液接触时间明显偏短，气流分布效果远低于方案 4。从图中可以看出，塔内气流的速度梯度不明显，气液间的混合接触程度有限，仅有小部分区域气流速度达到了 4.0 m/s，绝大部分区域的气流速度均低于 2.6 m/s。塔内壁区域的气流速度偏小，不利于塔内壁区域的气液接触。因此，方案 5 也不是理想的方案。

方案 6 的双圆锥与导流堰的中心间距太大，导流堰位置气体入口直径偏大，气体进入后流场几乎无变化，气流到达塔内后几乎无湍流现象出现，速度梯度不明显，塔内出现的死区太多。塔内绝大部分区域的气体流速低于 2.0 m/s，局部区域的气体流速达到了 3.25 m/s，锥体与塔内壁间隙处气流速度达到了 4.0 m/s。锥体以下的塔内壁区域气流速度非常小，均在 2.0 m/s 以下，且几乎没有明显变化，非常不利于气液之间的接触。吸收液经过双圆锥后形成的液膜也不明显，气液接触效果明显变差。

方案7的双圆锥母线角度过大，与内壁形成的间隙也过大。气流到达塔内区域时速度几乎无变化，且绝大部分区域气体流速偏小，低于2.6 m/s，且无明显的速度梯度。塔内气流的湍动程度偏低，不利于气液传质吸收。吸收液经过双圆锥形成液膜后几乎没有到达内壁，而是沿双圆锥的底部汇集到中心部位流下，不能形成有效的液膜，气体经过时与吸收液的接触效果明显变差，从图中可以看出除了在中心部位有接触外，其他部位几乎没有明显的接触。

方案8与方案7相比，双圆锥尺寸相同，双圆锥与导流堰中心间距相同，而导流堰水平位置的气体入口尺寸不同，导流堰的角度明显变小，塔内气液流态更差。由于方案8气体进口尺寸较大，与塔内直径相比，其截面积几乎没有变化；而导流堰角度很小，气体进入塔内时的方向和速度几乎没变化，导致流态也没有变化，塔内的湍流很微弱，气液接触面积和接触时间有限，脱硫效果很差。

方案10的双圆锥由于母线夹角偏小，导致高度明显偏大，导流堰水平直径与其他方案相比大很多，双圆锥底部和导流堰中心线高度一致，这使得烟气在从导流堰水平位置进入塔内时，在导流堰和双圆锥表面的引导下直接沿双圆锥表面进入上部，只与双圆锥下半部分形成的液膜接触，气流速度高于4.0 m/s；其他区域的气体流速低于1.5 m/s，无明显的湍流发生，气液接触效果很差。而且由于双圆锥的母线夹角太大，吸收液从双圆锥上表面到达塔内壁的难度加大，且由于受到气体沿双圆锥下端外表面向上运动时的气流剪切作用，吸收液很难到达内壁，难以在内壁形成均匀的液膜，故塔内形成了大量死区，气液接触面积有限，接触概率很小。

2.5.2.2 速度矢量分布图分析

从图2-5的速度矢量分布图可以看出，方案2中由于导流堰进口尺寸偏大，双圆锥和导流堰中心间距较小，气体进入塔内的速度变化不大。在中心区域与塔壁之间存在部分死区，中心区域虽存在一定程度的湍流，但由于速度梯度不明显，导致湍流现象也不明显，气液接触面积非常有限。在双圆锥以上部分，气流经过双圆锥与塔壁的间隙后出现由塔壁向浆液喷口方向的湍流区域，湍流程度明显大于双圆锥以下区域，其可能原因是浆液喷口处喷出的高速浆液形成负压区，诱导周围气体向负压区运动。在双圆锥与塔壁的缝隙处，气流速度最高达到了 7.5 m/s 左右。湍流区域的边界，气流速度也达到了 4.0 m/s 左右。

方案 3 的导流堰进口尺寸明显小于方案 2，双圆锥与导流堰中心间距加大，塔内气相流场的湍流程度明显加大，气液接触效果明显好于方案 2。在双圆锥以下部分的中心区域，湍流较为明显，气流由导流堰中心向下圆锥表面运动的过程中，在下圆锥表面的作用下，形成由圆锥表面到塔内壁的湍流，湍流边界上的气流速度在 4.0～4.5 m/s 之间。而在双圆锥以上区域气流的速度分布较为分散，湍流不太明显。由于双圆锥的母线夹角太大，双圆锥的中心直径过大，导致双圆锥与塔内壁间的间隙很小，气体经过间隙时的速度约 7.5 m/s，最高值接近 9.0 m/s，这造成的阻力很大，塔的运行经济性很差。

方案 4 与方案 3 相比较，双圆锥母线夹角变大，双圆锥中心直径变小，双圆锥与导流堰中心间距减小，这就明显增加了气体经过间隙时的压力损失。导流堰的烟气入口尺寸减小，使得烟气进入塔内空间时的速度变化明显，塔内的湍流度明显增加，死区面积远小于方案 2 和方案 3，气液接触面积大，接触效果好。双圆锥以下区域的湍流非常明显，湍流方向由导流堰中心至下圆锥表面，最后到达塔内壁。湍流边界的气流速度最高达到了 5.5 m/s 左右，平均约 4.0 m/s。塔内壁区域的气流速度也很大，在 3.5～7.0 m/s 之间，非常有利于塔内壁上的浆液与气体的接触传质。双圆锥以上部分，在浆液喷口范围的湍流也非常明显，速度均在 4.0 m/s 左右。塔内壁的气流速度也很大，均在 4.0 m/s 以上。

与方案 4 相比，方案 5 的双圆锥尺寸与方案 4 相同，而与导流堰的中心间距减小，导流堰角度增加，气体从导流堰处进入塔内时直接与双圆锥的下端接触，在双圆锥表面的引导下直接进入上部，气体与吸收液的接触时间非常短，无法保证吸收传质所需时间。从导流堰至下圆锥表面，也存在一定程度的湍流，但强度很小，湍流方向与方案 4 同部位的湍流方向一致，湍流边界的速度均在 4.5 m/s 以下，且出现的死区范围较大。双圆锥以上区域的湍流也不明显，只在浆液喷口区域有很弱的湍流，气流速度均低于 4.0 m/s。塔内壁区域的气体流速较大，有利于塔内壁的浆液与气体的接触。

方案 6 的双圆锥尺寸与方案 5 一致，与导流堰的中心间距增加，导流堰处的入口尺寸增加，气体进入塔内时的速度和方向几乎无改变，塔内湍流效果差，气流与吸收液的接触不明显。双圆锥以下区域仅在中心区域存在较弱的湍流，且湍流方向不规则，呈分散状，且气流速度很低，仅在3.25 m/s左右。绝大部分区域的气流速度均低于3.0 m/s，且中心区域至塔内壁存在的死区较多。塔内壁区域的气流速度很小，均在3.0 m/s以下，不利于塔内壁浆液与气体的接触和传质。由于双圆锥与塔内壁的间隙很小，导致气流穿过缝隙的速度过大，且沿塔内壁方向向上高速运动。在浆液喷口负压区的影响下，出现从塔内壁至喷口处的微弱湍流，湍流方向也不明显，在喷口以上部分出现无规则的湍流区域，气流速度均在4.0 m/s以下。

方案7的双圆锥母线夹角增加，与导流堰的中心间距减小，导流堰角度加大，堰处的烟气入口尺寸变小。进入双圆锥上部的吸收液形成的液膜，一部分在双圆锥上表面的引导下到达塔的内壁，沿内壁向下形成一层液膜，另一部分到达双圆锥的下端圆锥表面，形成一层液膜。从图中可以看出，塔内出现的死区太多，速度梯度也非常不明显，仅在导流堰的中心区域出现一定程度的湍流，气流速度均低于3.25 m/s。由于双圆锥与塔内壁的间隙较大，气流沿下圆锥表面方向向上运动的过程中，绝大部分气体均由间隙向上沿塔壁运动，运动方向较为单一。该方案的气液接触效果明显好于方案6，但远远达不到方案2、方案3和方案4的气液接触效果。

方案8与方案7相比，导流堰角度变小，进口尺寸变大，气体进入时的速度和方向几乎无变化，塔内存在较多的死区。绝大部分区域的气流速度均小于3.0 m/s，仅有部分区域的气流速度高于3.25 m/s。由于双圆锥母线夹角过大，浆液由喷口喷出后沿母线方向直接到达塔内壁，沿塔内壁向下流动，浆液流态和方向较为单一，且塔内壁区域的气流速度偏小，非常不利于气液间的接触和传质。所以，该方案的气液接触效果远低于方案7。

方案10的双圆锥母线夹角偏大，气体从导流堰处进入后在双圆锥母线的引导下直接进入上部，除与母线上的吸收液膜进行反应外，无其他部位的气液接触，接触面积和接触效果均不理想，且进口尺寸偏小，气体经过入口时的损失也偏大。从导流堰至下圆锥表面，气流速度均在4.0 m/s以上，非常有利于下圆锥表面的浆液与气体的接触和传质。由于双圆锥母线夹角偏大，气体由下圆锥表面向上运动的过程中，直接通过间隙进入双圆锥上部区域，与双圆锥以下部分的塔内壁浆液之间几乎无接触，造成较大区域的死区，而且双圆锥以上绝大部分区域的气流速度均低于2.5 m/s。气流通过间隙沿塔内壁向上运动，与双圆锥上部区域的浆液接触效果很差，且同样存在大面积的死区。因此，该方案虽然部分区域的气液接触效果非常好，但是整体的气液接触效果并不明显。所以，方案 10 与其他方案相比，气液接触传质性能和经济性均较差。

基于以上速度等值分布图和速度矢量分布图的分析和比较，8 组方案的模拟结果，从压力损失、塔内流场、气液接触效果等方面综合考虑，方案 4 为最优方案，即双圆锥母线夹角为 45°，锥体水平直径为 200 mm，双圆锥水平中心线与导流堰水平中心线间距为 150 mm，导流堰角度为 60°，导流堰宽度为 100 mm。本课题所设计的双循环多级水幕反应器塔内构件的尺寸和布置，以方案 4 对应的数值为准。在此基础上进行常温条件烟气脱硫试验、热湿交换性能试验和热态模拟烟气脱硫试验。

2.6 本章小结

本章针对传统脱硫反应塔存在的结构和流场缺陷，基于钙基湿法脱硫反应动力学原理，采用双循环运行模式和 pH 分段控制理念，研发和优化设计了双循环多级水幕反应器。上、下循环采用不用 pH 值和 L/G 运行，反应塔内均以双圆锥和导流堰组合代替多层喷淋装置。

反应器内双圆锥水平直径及圆锥角、导流堰水平直径、导流堰角度以及双圆锥中心线与导流堰中心间距等参数均是脱硫塔重要结构参数，可影响塔内气液相流场，从而影响 SO_2 气体在液相的传质和吸收过程。本书基于计算流体力学原理，利用 AutoCAD、Gambit 和 Fluent 三个软件的协同作用，对塔内构件组合和流场进行正交模拟和优化。经过 5 因素 4 水平共 16 组双圆锥和导流堰组合的正交试验设计和模拟，通过对速度等高廓线分布和速度矢量分布的分析得出方案 4 为最优方案，即双圆锥母线角度为 45°，双圆锥水平直径为 200 mm，垂直间距为 150 mm，导流堰夹角为 60°，导流堰宽度为 100 mm。

3 烟气脱硫性能研究

本章在研发的双循环多级水幕反应器上，通过烟气脱硫正交试验，获得以脱硫效率和石灰石利用率为指标的优化试验方案。通过单因素试验，考察空塔风速、进口 SO_2 浓度、预处理循环和吸收循环浆液 pH 值、L/G 对脱硫系统性能的影响。

3.1 双循环多级水幕反应系统的设计

本书基于塔内双圆锥和导流堰组合的 Fluent 流场模拟优化结果，以方案 4 的结构参数为依据，设计双循环多级水幕反应器，脱硫系统如图3-1所示。脱硫反应系统包括 SO_2 烟气模拟、脱硫反应主塔、上下段浆液循环、废浆液排出等部分。系统的加热部分在后续热湿交换性能试验和模拟热态烟气脱硫性能试验阶段使用，常温烟气脱硫试验时加热装置不工作。双循环多级水幕反应器采用 8 mm 厚有机玻璃制作，塔高 2.4 m，塔直径 300 mm，塔上段有效高度 1 m，塔下段有效高度 0.6 m。除雾器高度 200 mm。下段储液池液位高度约 400 mm，上段储液池液位高度约 200 mm。

模拟烟气由风机提供，在气体混合加热箱中与 SO_2 气体进行充分混合，经过气体流量计后切向旋转进入双循环多级水幕反应器下段。含 SO_2 模拟烟气在旋转上升的过程中与由循环浆液泵提供动力产生的液滴或液膜逆向接触，通过穿孔管进入反应器上段，同样与液滴或液膜逆向接触，净化后的烟气由顶部出口排出。上段循环较高 pH 值浆液在上段浆液槽中通过溢流进入下段循环，与较低 pH 值浆液混合，同时起到调整下段浆液 pH 值和促进石灰石溶解作用。下段脱硫废液由浆液槽低位排放口排出进行后续处

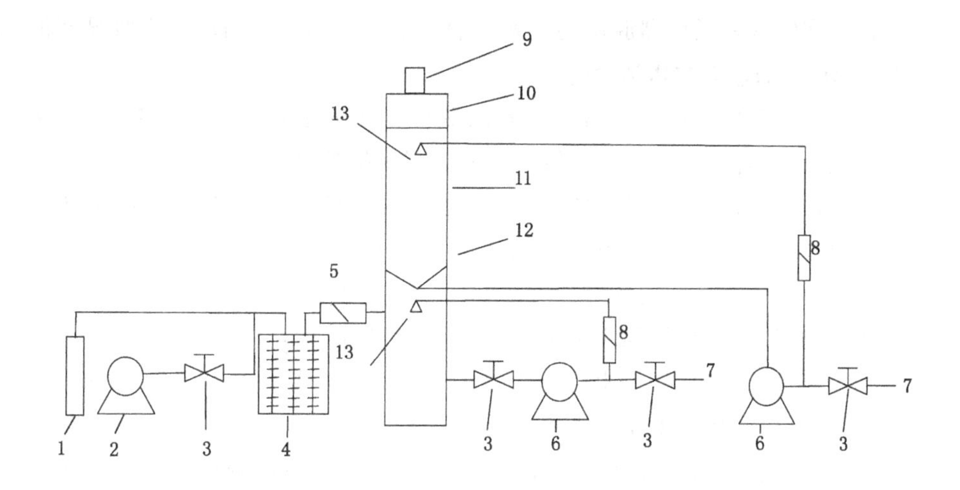

1—SO_2 瓶；2—风机；3—阀门；4—气体混合加热箱；5—气体流量计；6—循环泵；
7—废液排放口；8—液体流量计；9—净气出口；10—除雾器；11—双循环多级水幕塔；
12—穿孔管储液槽；13—脱硫浆液喷射口。

图 3-1 双循环多级水幕反应器脱硫系统图

理。上、下循环浆液 pH 值通过蠕动泵提供的新鲜浆液进行调整或维持。本试验采用某矿粉厂提供的石灰石粉作为脱硫剂，颗粒细度为 600 网目，石灰石 CaO 含量为 54.10%，即 $CaCO_3$ 含量为 96.54%。试验采用质量浓度为 5%的新鲜浆液利用蠕动泵打入循环浆液槽以维持浆液 pH 值。SO_2 测试采用碘量法（HJ/T 56—2000），仪器设备包括 KC-6120 型综合采样器、MODEL868 型酸度计、BT00-300M 型蠕动泵、B90-D 型强力电动搅拌机等。

3.2 烟气脱硫正交试验与结果分析

3.2.1 烟气脱硫正交试验设计

由于采用双循环运行模式，影响系统脱硫性能的主要因素要比传统钙基湿法脱硫反应器复杂得多。反应器下段循环主要是对进口烟气 SO_2 起预处理作用，减轻吸收循环脱硫浆液的吸收压力，因此也可将其称作预处理循环；而上段循环则主要是对预处理循环后的烟气进一步吸收去除 SO_2，确保出口烟气 SO_2 达标排放，因此上段循环又可称为吸收循环。通过分析可知，双循环多级水幕反应器脱硫的主要影响因素包括预处理循环和吸收循环的浆液 pH 值、L/G、空塔风速等。

本章试验要全面考察各个因素对脱硫性能的影响。在类似多因素、多水平试验中，若对每个因素的每个水平都互相搭配进行详细试验，需做的试验次数数字非常庞大。经研究与实践发现，要得到理想的试验效果，并不需要进行全面试验，在不影响试验效果的前提下，尽可能地减少试验次数，正交设计是解决这一问题的有效方法[68-69]。通过正交试验可找出各因素对考核指标的影响规律，例如主要因素与次要因素、因素是否单独起作用、因素间是否有综合作用等，选出各个因素的一个典型水平组成比较合适的生产或运行条件，以指导工业烟气脱硫工艺的运行。

针对所设计双循环多级水幕反应器运行特点，本研究拟选取空塔风速(A)、吸收循环浆液 pH 值(B)、预处理循环浆液 pH 值(C)、吸收循环 L/G(D)、预处理循环 L/G(E)、SO_2 进口浓度(F)6 个因素，每个因素选取 5 个水平，如表 3-1 所示。以 SO_2 去除效率(或脱硫效率)和石灰石利用率为评价指标，利用 SPSS 13.0 正交设计软件进行正交设计，得出烟气脱硫试验 6 因素 5 水平 2 指标的正交试验表 $L_{25}5^6$，如表 3-1 所示。

表 3-1　正交试验因素及水平

水平	因素					
	空塔风速 /(m/s) (A)	吸收循环浆液 pH 值 (B)	预处理循环浆液 pH 值 (C)	吸收循环 L/G/(L/m^3) (D)	预处理循环 L/G/(L/m^3) (E)	SO_2 进口浓度 /(mg/m^3) (F)
1	2.0	4.0～4.1	4.0～4.1	10	10	1 000
2	2.5	4.8～5.0	4.8～5.0	12	12	1 500
3	3.0	5.4～5.6	5.4～5.6	15	15	2 000
4	3.5	5.9～6.1	5.9～6.1	18	18	2 500
5	4.0	6.9～7.1	6.9～7.1	20	20	3 000

3.2.2　正交试验结果与分析

本次试验所采用的正交试验表 $L_{25}5^6$ 各列均饱和。当正交试验表各列均饱和时，由于没有空白列，当采用方差分析法，总偏差平方和等于各个因素的偏差平方和，总偏差自由度等于各个因素的偏差自由度。由于没有误差平方和，因而在原则上难以对试验数据进行方差分析，所以难以采用方差分析法。因此，对脱硫正交试验结果采用极差分析法进行分析。极差分析法具有计算量小、计算简单、分析速度快等优点，可以求得最佳水平组合和影响因素的主次顺序[70]。以脱硫效率和 $CaCO_3$ 利用率为评价指标，正交试验与试验结果见表 3-2。

表 3-2 正交试验结果及分析汇总

项目		空塔风速 /(m/s) (A)	吸收循环浆液 pH 值 (B)	预处理循环浆液 pH 值 (C)	吸收循环 L/G /(L/m³) (D)	预处理循环 L/G/(L/m³) (E)	SO_2 进口浓度 /(L/m³) (F)	脱硫效率 /%	石灰石利用率 /%
指标	1	2.0	4.0	4.1	10	10	1 015	54.42	95.48
	2	2.0	5.0	5.1	12	12	1 514	71.48	69.74
	3	2.0	5.5	5.7	15	15	1 967	83.59	49.76
	4	2.0	6.2	6.2	18	18	2 504	92.53	37.77
	5	2.0	7.0	6.8	20	20	3 045	96.21	33.61
	6	2.5	4.0	5.0	15	18	2 953	62.22	87.07
	7	2.5	5.0	5.5	18	20	1 053	75.10	73.42
	8	2.5	5.6	6.2	20	10	1 518	87.29	53.74
	9	2.5	6.0	6.9	10	12	1 984	90.06	30.91
	10	2.5	6.8	4.0	12	15	2 512	82.30	34.30
	11	3.0	4.3	5.5	20	12	2 496	74.58	71.09
	12	3.0	5.0	6.2	10	15	2 923	88.16	58.78
	13	3.0	5.5	7.0	12	18	1 053	95.82	36.99
	14	3.0	6.1	4.0	15	20	1 522	82.23	80.17
	15	3.0	6.8	5.1	18	10	2 001	97.69	42.29
	16	3.5	4.0	6.2	12	20	2051	83.03	54.53
	17	3.5	5.1	6.8	15	10	2 567	84.89	34.92
	18	3.5	5.5	4.2	18	12	3 058	81.40	79.80
	19	3.5	6.3	5.3	20	15	1 023	92.87	74.30
	20	3.5	6.9	5.5	10	18	1 543	95.60	41.02
	21	4.0	4.0	6.9	18	15	1 503	89.66	31.67
	22	4.0	5.0	4.0	20	18	2 051	75.96	80.52
	23	4.0	5.5	5.0	10	20	2 454	87.43	83.27
	24	4.0	6.0	5.5	12	10	2 969	84.67	52.26
	25	4.0	6.9	6.0	15	12	1 002	93.72	37.93

表 3-2(续)

项目		空塔风速/(m/s)(A)	吸收循环浆液 pH 值(B)	预处理循环浆液 pH 值(C)	吸收循环 L/G /(L/m³)(D)	预处理循环 L/G/(L/m³)(E)	SO_2 进口浓度/(L/m³)(F)	脱硫效率/%	石灰石利用率/%
脱硫效率	K_1	398.23	363.90	376.32	415.68	408.96	411.93	各因素水平指标之和	
	K_2	396.98	395.59	411.69	417.29	411.24	426.26		
	K_3	438.48	435.53	413.53	406.65	436.58	430.34		
	K_4	437.78	442.36	444.73	436.38	422.12	421.72		
	K_5	431.44	465.53	456.64	426.91	424.00	412.66		
	k_1	79.65	72.78	75.26	83.14	81.79	82.39	各因素水平指标之和平均值	
	k_2	79.40	79.12	82.34	83.46	82.25	85.25		
	k_3	87.70	87.11	82.71	81.33	87.32	86.07		
	k_4	87.56	88.47	88.95	87.28	84.42	84.34		
	k_5	86.29	93.11	91.33	85.38	84.80	82.53		
	R	8.30	20.33	16.06	5.95	5.52	3.68	极差	
	方案 1	3.5	7	7	18	15	2 000		
石灰石利用率	K'_1	286.36	339.83	370.27	309.46	278.69	318.12	各因素水平指标之和	
	K'_2	279.44	317.38	356.66	247.83	289.48	276.35		
	K'_3	289.33	303.56	287.56	289.84	248.79	258.01		
	K'_4	284.57	275.41	242.74	264.95	283.37	261.34		
	K'_5	285.64	189.15	207.48	313.26	325.00	311.52		
	k'_1	57.27	67.97	74.05	61.89	55.74	63.62	各因素水平指标之和平均值	
	k'_2	55.89	63.48	71.33	49.57	57.90	55.27		
	k'_3	57.87	60.71	57.51	57.97	49.76	51.60		
	k'_4	56.91	55.08	48.55	52.99	56.67	52.27		
	k'_5	57.13	37.83	41.50	62.65	65.00	62.30		
	R'	1.98	30.14	32.56	13.09	15.24	12.02	极差	
	方案 1′	3.5	4	4	20	20	1 000		

注:K_i——因素 A、B、C、D、E、F 在第 i 个水平时的脱硫效率总和;K'_i——因素 A、B、C、D、E、F 在第 i 个水平时的 $CaCO_3$ 利用率总和;k_i——K_i 的平均值;k'_i——K'_i 的平均值;R、R'——极差,k_i、k'_i 中最大值减去最小值。

由正交试验数据和计算结果,可作如下分析:

对于 SO_2 去除效率(即脱硫效率)指标而言,A、B、C、D、E、F 6 个因素计算后的极差分别为 8.30、20.33、16.06、5.95、5.52、3.68。显然第 2 列因素 B(吸收循环浆液 pH 值)的极差最大(20.33),这说明因素 B 的水平改变对 SO_2 的去除效率指标影响最大,因此可以断定因素 B 是主要因素,该因素的 5 个水平所对应的 SO_2 去除效率均值分别为 72.78%、79.12%、87.11%、88.47%、93.11%,以第 5 水平所对应的数值 93.11%最大,所以第 5 水平为最好水平。第 3 列因素 C(预处理循环浆液 pH 值)的极差为 16.06,仅次于因素 B,该因素的 5 个水平对应的 SO_2 的去除效率均值分别为 75.26%、82.34%、82.71%、88.95%、91.33%,第 5 个水平数值 91.33%最大,所以取第 5 水平为最好水平。依次进行其他因素和水平的分析,得出因素 A(空塔风速)、D(吸收循环 L/G)、E(预处理循环 L/G)和 F(SO_2 进口浓度)的最好水平分别为第 3、4、3、3 水平。由此得出结论,对于 SO_2 去除效率指标,优化试验方案为 $A_3B_5C_5D_4E_3F_3$,即空塔风速(A)为 3.0 m/s、吸收循环浆液 pH 值(B)为 6.9~7.1、预处理循环浆液 pH 值(C)为 6.9~7.1、吸收循环 L/G(D)为 18 L/m^3、预处理循环 L/G(E)为 15 L/m^3、SO_2 进口浓度(F)为 2 000 mg/m^3。

对于石灰石利用率指标,A、B、C、D、E、F 6 个因素的极差计算结果分别为 1.98、30.14、32.56、13.09、15.24、12.02,可知第 3 列因素 C(预处理循环浆液 pH 值)极差最大(32.56),这说明因素 C 的水平改变对石灰石利用率指标影响最大,因此可以断定因素 C 是石灰石利用率的主要因素。该因素 C 的 5 个水平所对应的石灰石利用率均值分别为 74.05%、71.33%、57.51%、48.55%、41.50%,以第 1 水平所对应的数值 74.05%最大,则取第 1 水平为最好水平。第 2 列因素 B(吸收循环浆液 pH 值)的极差为 30.14,仅次于因素 C,因素 B 的 5 个水平对应的指标均值分别为 67.97%、63.48%、60.71%、55.08%、37.83%,第 1 水平对应的数值 67.97%最大,取第 1 水平为最好水平。依次进行分析,分别得出因素 A(空塔风速)、D(吸收循环 L/G)、E(预处理循环 L/G)、F(SO_2 进口浓度)对应的最好水平为第 3、5、5、1 水平。通过分析可以得出以下结论,对于石灰石利用率指标,优化试验方案为 $A_3B_1C_1D_5E_5F_1$,即空塔风速为 3.0 m/s、吸收循环浆液 pH 值为 4.0~4.1、预处理循环浆液 pH 值为 4.0~4.1、吸收循环 L/G 为 20 L/m^3、预处理循环 L/G 为 20 L/m^3、SO_2 进口浓度为 1 000 mg/m^3。

3.2.3 综合平衡法结果分析

以 SO_2 去除效率和石灰石利用率为指标进行正交试验由遴选出的试验优化方案 $A_3B_5C_5D_4E_3F_3$ 和 $A_3B_1C_1D_5E_5F_1$ 比较可知，除因素 A(空塔风速)数值相同之外，其余 5 个因素均不相同。为此，试验选用多指标分析方法中的综合平衡法进行分析。综合平衡法在试验方案安排和各因素计算分析方法上与单因素试验完全一样，其步骤是分别找出单个因素最优或较优的运行条件，再对这些运行条件进行综合分析，得出最优的试验方案。各个因素不同水平与指标的综合平衡法分析结果，利用 Origin 处理后的关系如图 3-2 所示。

(1) 空塔风速对指标的影响。从表 3-2 可看出，对于脱硫效率和石灰石利用率指标来说，空塔风速的极差均不是最大值，即空塔风速不是主要影响因素，而是次要影响因素。从图 3-2(a)可看出，对于石灰石利用率指标而言，空塔风速 3.0 m/s 最好，而对于脱硫效率指标而言，空塔风速取 3.0 m/s、3.5 m/s 均可，综合考虑两个指标，选取空塔风速为 3.0 m/s。

(2) 吸收循环浆液 pH 值对指标的影响。从表 3-2 可看出，对于脱硫效率指标而言，吸收循环浆液 pH 值的极差最大，即吸收循环浆液 pH 值为主要影响因素；而对于石灰石利用率指标而言，则是较次要因素。由图 3-2(b)可知，对于脱硫效率指标，吸收循环浆液 pH 值为 7.0 左右最好，为 6.0 左右次之；对于石灰石利用率指标而言，吸收循环浆液 pH 值取 4.0 左右最好，石灰石利用率随 pH 值升高而降低。综合考虑脱硫效率和石灰石利用率指标，确定吸收循环浆液 pH 值为 6.0。

(3) 预处理循环浆液 pH 值对指标的影响。从表 3-2 可看出，对于 SO_2 去除效率指标而言，预处理循环浆液 pH 值极差比吸收循环浆液 pH 值极差小，是较次要影响因素；对于石灰石利用率而言，预处理循环浆液 pH 值极差最大，是影响石灰石利用率的主要因素。由图 3-2(c)也可看出，对于 SO_2 去除效率指标，预处理循环浆液 pH 值为 7.0 左右最好，为 6.0 左右次之，取 4.8～5.0 时一般；对于石灰石利用率指标，吸收循环浆液 pH 值取 4.0 左右最好，取 5.0 左右次之。综合考虑两个指标，确定预处理循环浆液 pH 值为 4.8～5.0。

(4) 吸收循环 L/G 对指标的影响。从表 3-2 可看出，无论对于 SO_2 去

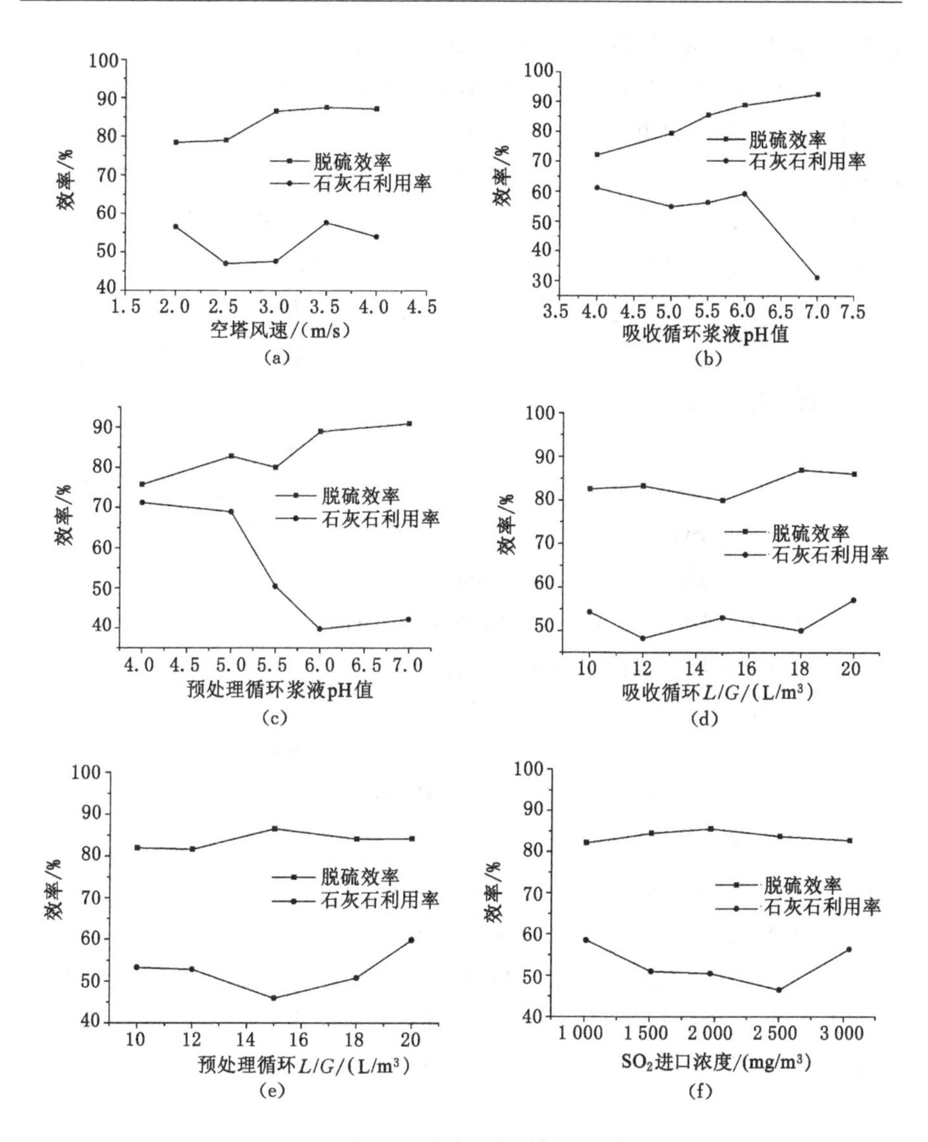

图 3-2 单因素不同水平与指标关系图

除效率指标，还是石灰石利用率指标，吸收循环 L/G 均非主要因素，其对 SO_2 去除效率的影响小于对石灰石利用率的影响。由图 3-2(d)也可看出，对于 SO_2 去除效率指标，吸收循环 L/G 取 18 L/m^3 或者 20 L/m^3 均可，影响不大；对于石灰石利用率指标，吸收循环 L/G 取 20 L/m^3 时石灰石利用率较高，综合考虑确定吸收循环 L/G 为 20 L/m^3。

(5) 预处理循环 L/G 对指标的影响。从表 3-2 可看出，对于 SO_2 去除效率指标和石灰石利用率指标，预处理循环 L/G 是次要因素，其对石灰石利用率的影响远大于对 SO_2 去除效率的影响。由图 3-2(e)可看出，对于石灰石利用率指标，预处理循环 L/G 取 20 L/m^3 时石灰石利用率最高；对于 SO_2 去除效率指标，预处理循环 L/G 取 15 L/m^3 SO_2 去除效率最高，取 20 L/m^3 时效率变化不大。综合考虑，确定预处理循环 L/G 为 20 L/m^3。

(6) SO_2 进口浓度对指标的影响。从表 3-2 可看出，对于 SO_2 去除效率和石灰石利用率而言，SO_2 进口浓度为次要因素，其对石灰石利用率的影响相对较大。由图 3-2(f)也可看出，对于石灰石利用率而言，取 1000 mg/m^3 时石灰石利用率最高，取 2 500 mg/m^3 时最低；对于 SO_2 去除效率而言，取 2 000 mg/m^3 时 SO_2 去除效率最大，取 1 000 mg/m^3 时效率变化不大。综合考虑确定 SO_2 进口浓度为 1 000 mg/m^3。

综合以上各因素对 SO_2 去除效率和石灰石利用率指标的影响分析，得出双循环多级水幕反应器的试验优化方案：

A_3：空塔风速，第 3 水平，即 v=3.0 m/s；

B_4：吸收循环浆液 pH 值，第 4 水平，即 pH=5.9～6.1；

C_2：预处理循环浆液 pH 值，第 2 水平，即 pH=4.8～5.0；

D_5：吸收循环 L/G，第 5 水平，即 L/G=20 L/m^3；

E_5：预处理循环 L/G，第 5 水平，即 L/G=20 L/m^3；

F_1：SO_2 进口浓度，第 1 水平，即 C=1 000 mg/m^3。

从试验优化方案的各个水平可以看出，由综合平衡法分析出来的优化试验方案为 $A_3B_4C_2D_5E_5F_1$。按得出的优化试验方案进行试验验证，得出脱硫效率为 98.2%，石灰石利用率达到了 95.2%，钙硫摩尔比 n_{Ca}/n_S 为 1.03。

3.3 烟气条件对脱硫效率的影响

在脱硫正交试验和综合平衡法分析基础上，为考察不同烟气条件对反应器脱硫性能的影响，本书进行了不同烟气条件对脱硫效率的影响试验，主要考察脱硫效率与空塔风速和 SO_2 进口浓度之间的关系。试验基础操作条件包括：吸收循环浆液 pH 值为 5.9～6.1，预处理循环浆液 pH 值为 4.8～

5.0，吸收循环和预处理循环 L/G 为 20 L/m^3，空塔风速为 2.0～4.0 m/s，SO_2 进口浓度为 1 000～5 000 mg/m^3。

3.3.1　空塔风速对脱硫效率的影响

当 SO_2 进口浓度在 2 000 mg/m^3 左右，吸收循环、预处理循环浆液 L/G 均为 20 L/m^3，吸收循环浆液 pH 值维持在 5.9～6.1，预处理循环 pH 值分别为 4.0～4.1、4.4～4.5 和 4.8～5.0 时，考察空塔风速对脱硫效率的影响，试验结果如图 3-3 所示。

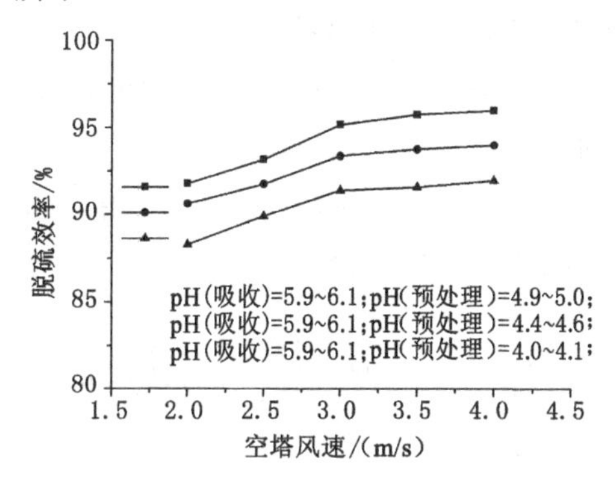

图 3-3　脱硫效率与空塔风速之间的关系

由图 3-3 可看出，在所设定的 3 种条件下，脱硫效率随空塔风速的增加而升高。以 pH(吸收)＝6.0、pH(预处理)＝5.0 条件为例，空塔风速从 2.0 m/s 升高到 3.0 m/s 时，脱硫效率由 91.79％增至 95.14％；而空塔风速从 3.0 m/s 升高到 4.0 m/s 时，脱硫效率增长的幅度减缓，仅由 95.14％增长到 95.95％。综合考虑反应塔运行的经济性，试验确定合理的空塔风速为 3.0 m/s。

脱硫效率随空塔风速的增加而升高，其原因在于：对于双循环多级水幕反应器，提高空塔风速亦即提高了气液两相的湍动程度，同时导致塔内空间的持液量增加，延长了模拟烟气与液滴间的接触时间。空塔风速的增加也使锥体、导流堰和塔内壁液膜的膜厚度降低，液体表面更新速度更快，传质系数提高。但空塔风速增长到一定量时，脱硫效率增幅减小，此时塔内的气液接触效果已经达到最佳状态，继续提高空塔风速，气液接触时间反而变短，与浆液的化学反应时间减少，脱硫效率无明显提高。

根据3种不同情况下脱硫效率-空塔风速的试验数据，进行线性回归，得到如下回归方程式：

pH(预处理)＝4.8～5.0：$\eta=111.98-11.98\exp(-0.92v)\%$ (3-1)

pH(预处理)＝4.4～4.6：$\eta=106.64-9.86\exp(-1.03v)\%$ (3-2)

pH(预处理)＝4.0～4.1：$\eta=109.69-16.52\exp(-1.94v)\%$ (3-3)

式(3-1)、式(3-2)、式(3-3)的回归相关系数 R^2 分别为0.983、0.989、0.998，表明相关性较好。

3.3.2 SO_2 进口浓度对脱硫效率的影响

在吸收循环浆液pH值为5.9～6.1、预处理循环浆液pH值为4.8～5.0、吸收循环和预处理循环浆液 L/G 为20 L/m^3、空塔风速为3.0 m/s的条件下，考察模拟烟气中 SO_2 进口浓度的变化对系统 SO_2 去除效率的影响。脱硫效率随 SO_2 进口浓度的变化如图3-4所示。

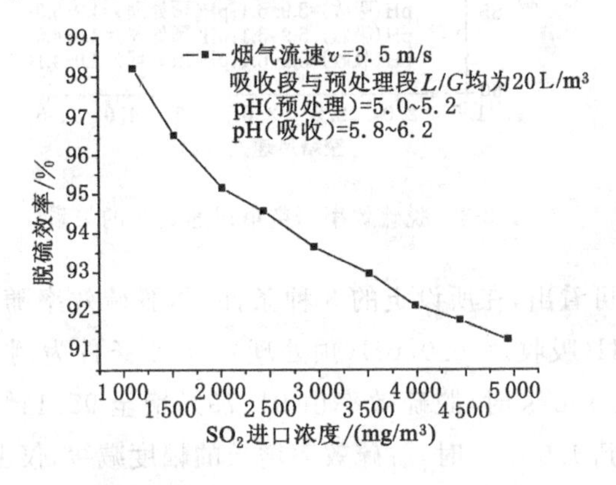

图3-4 脱硫效率与 SO_2 进口浓度之间的关系

由图3-4可以看出，在试验范围内，脱硫效率随模拟烟气 SO_2 进口浓度的增加而降低。在 SO_2 进口浓度为1 108 mg/m^3 时，脱硫效率最高达到了97.7%；当 SO_2 进口浓度增加到4 939 mg/m^3 时，脱硫效率降低到91.3%，下降幅度达6.4%。脱硫塔在试验条件下，适宜处理的 SO_2 浓度范围为1 000～4 500 mg/m^3，SO_2 去除效率可维持在91.8%以上，出口 SO_2 浓度可以保证达标排放。通过脱硫效率与 SO_2 进口浓度之间的关系可得出结论：双循环多级水幕反应器不仅为低浓度 SO_2 治理找到了一条有效的方法，而且突破了常规脱硫塔处理高浓度 SO_2 的限制，在 SO_2 进口浓度为4 500

mg/m^3时，仍可达标排放。

脱硫效率随 SO_2 进口浓度增加而降低的原因在于：一方面，随 SO_2 进口浓度增大，石灰石消耗量增多，石灰石溶解不足以补充消耗掉的量，导致浆液 pH 值降低，故脱硫效率下降。另一方面，SO_2 进口浓度增加，烟气中 SO_2 分压也随之增加，气液相界面 SO_2 分压和浓度均变大，增大了液相反应推动力。在浆液中，由于液、固相界面固体溶解的离子饱和浓度不变，所以浆液主体中固体溶解的离子浓度也保持不变。SO_2 分压和浓度的增加、固体溶解的离子浓度不变的现状就促使气、液反应面向远离气液相界面的方向移动，则反应面左侧液膜厚度 δ_2 增大，反应面右侧液膜厚度 δ_3 减小，相应气液传质反应的增强因子 $E(E=1+\delta_3/\delta_2)$ 减小，与文献[129] SO_2 分压增高，增强因子 E 减小的结论相一致。

根据双膜理论模型，SO_2 吸收速率和脱硫效率可由下式表示：

$$N = A\left(\frac{1}{k_G} + \frac{1}{HEk_L}\right)^{-1} P_G = K_G A P_G \tag{3-4}$$

$$\eta = \frac{N \times A \times 3\ 600 \times 64 \times 10^6}{C_{SO_2} \times Q} \times 100\% \tag{3-5}$$

式中　N——SO_2 吸收速率，$kmol/(m^2 \cdot s)$；

η——脱硫效率，%；

A——气液接触面积，m^2；

K_G——总传质系数，$kmol/(m^2 \cdot s \cdot Pa)$；

k_G——以分压差为推动力的气膜传质系数，$kmol/(m^2 \cdot s \cdot Pa)$；

k_L——以浓度差为推动力的液膜传质系数，m/s；

E——增强因子；

H——溶解度系数，$kmol/(m^3 \cdot Pa)$；

P_G——气相主体中的 SO_2 分压，Pa；

C_{SO_2}——SO_2 进口浓度，mg/m^3；

Q——烟气流量，m^3/h。

由亨利定律可知，SO_2 进口浓度与模拟烟气中 SO_2 分压成正比，SO_2 进口浓度增加，烟气中 SO_2 分压也相应增大，增强因子 E 却减小，可由式(3-4)得出总传质系数 K_G 减小。由于 K_G 减小的幅度没有 P_G 增加的幅度大，所以 SO_2 的吸收速率 N 增加。但 N 增加的幅度没有 SO_2 进口浓度增幅大，由式(3-5)可知,脱硫效率减小。

对脱硫效率 SO_2 进口浓度之间的试验数据进行线性回归,得到如下的回归方程式:

$$\eta=137.34\times C_{SO_2}^{-0.048} \tag{3-6}$$

式(3-6)回归相关性系数 R^2 为 0.998,相关性较好。

3.4 运行参数对脱硫效率的影响

运行参数对脱硫效率的影响试验,主要考察预处理循环和吸收循环浆液 pH 值、L/G 的变化对脱硫效率的影响。考虑到双循环多级水幕反应器脱除低浓度 SO_2 气体(C=1 000 mg/m^3)的效率很高(优化运行方案条件下脱硫效率高达 98.2%),为充分体现脱硫效果的显著变化,SO_2 进口浓度均设置为 2 000 mg/m^3。结合空塔风速对脱硫效率的影响试验结果,确定空塔风速为 3.0 m/s,预处理循环和吸收循环浆液 pH 值和 L/G 分别为 4.0～7.0 和 10～24 L/m^3。

3.4.1 pH 值对脱硫效率的影响

循环浆液 pH 值是湿法脱硫工艺中一个非常重要的参数。pH 值偏低,石灰石溶解速率和利用率增加,但脱硫效率明显降低;pH 值偏高,有利于 SO_2 的吸收,脱硫效率增加,但石灰石溶解受限,石灰石利用率明显降低。对于双循环多级水幕反应器 pH 值控制问题,分别考察了吸收循环和预处理循环浆液 pH 值对脱硫效率的影响,以确定合理的 pH 值操作范围。

3.4.1.1 浆液 pH 值对脱硫效率的影响

研究吸收循环浆液 pH 值对脱硫效率的影响时,控制预处理循环浆液 pH 值为 4.8～5.0;研究预处理循环浆液 pH 值对脱硫效率的影响时,吸收循环浆液 pH 值为 5.9～6.1。预处理循环、吸收循环浆液 pH 值对脱硫效率的影响如图 3-5 所示。

由图 3-5 可看出,双循环多级水幕反应器预处理循环、吸收循环的浆液 pH 值对脱硫效率的影响趋势类似,脱硫效率均随浆液 pH 值的升高而增加,但增加趋势均逐渐变缓。在预处理循环浆液 pH=7.0、吸收循环浆液 pH=6.0 时,脱硫效率最高达到了 98.3%;在预处理循环浆液 pH=4.9、吸

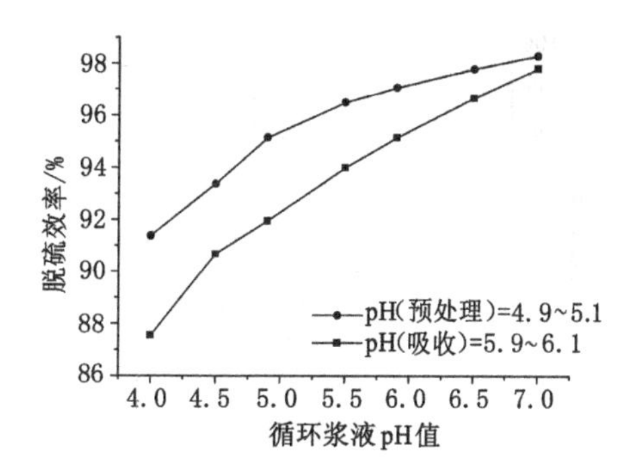

图 3-5　脱硫效率与浆液 pH 值之间的关系

收循环浆液 pH＝4.0 时，脱硫效率较低，仅为 87.5％。

从石灰石-石膏脱硫反应方程式可以看出，浆液槽中浆液的 pH 值偏低时不利于 SO_2 的吸收，而浆液 pH 值较高时，浆液中 H^+ 浓度较低，会促进 Ca^{2+} 与 SO_3^{2-} 和 SO_4^{2-} 的反应。因此，浆液中 HSO_3^- 离子浓度偏低，具有低 HSO_3^- 离子浓度的浆液经循环泵打入喷淋塔内参与反应，同样促进 SO_2 的溶解、亚硫酸盐和亚硫酸根的电离等反应的正向进行，有利于 SO_2 的吸收，从而提高脱硫效率。

对脱硫效率-浆液 pH 值的试验数据进行非线性回归，得到如下方程式：

η-pH(吸收)：　　$\eta = 102.25 - 67.76\exp(-0.39\text{pH})$　　(3-7)

η-pH(预处理)：　　$\eta = 99.33 - 119.49\exp(-0.68\text{pH})$　　(3-8)

式(3-7)、式(3-8)回归相关性系数 R^2 均为 0.997，表明相关性很好。

3.4.1.2　pH(吸收)高于 pH(预处理)时的脱硫效率

系统在吸收循环浆液 pH 值高于预处理循环浆液 pH 值的条件下运行，其他运行参数保持不变，脱硫效果变化情况如图 3-6 所示。

由图 3-6 可以看出，当吸收段循环浆液 pH 值控制在 7.0 左右时，脱硫效率最高，均维持在 94.5％以上。即使预处理循环浆液 pH 值降低至 4.0、吸收循环浆液 pH 值维持在 5.4～5.6，脱硫效率仍可很好地维持在 89.3％，但石灰石浆液补充量相应较大，n_{Ca}/n_S 偏高，高达 2.2～3.2，相应的石灰石利用率仅为 42.7％～29.4％。石灰石利用率偏低，吸收段的塔壁出现了部分结垢现象(经测试为软垢)。吸收循环浆液 pH 值控制在 5.9～6.1 的条件下，预处理循环的浆液 pH 值由 4.0 提高至 5.5 时，脱硫效率由 91.4％提高

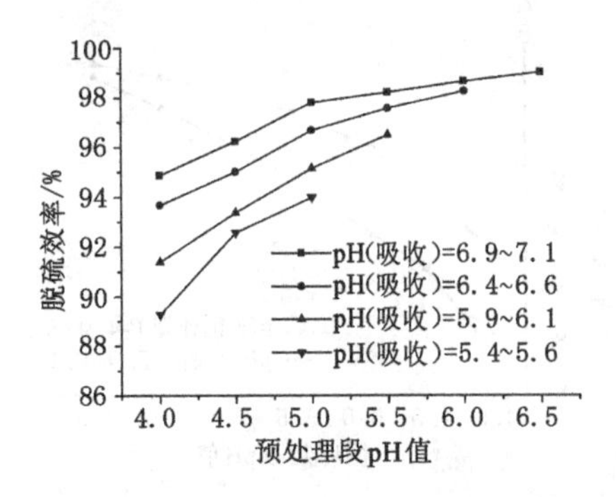

图 3-6 pH(吸收)高于 pH(预处理)时脱硫效率变化

到96.7%。预处理循环浆液 pH 值为 4.9 时，n_{Ca}/n_{S} 达到 1.02，此时石灰石利用率为 93.3%，系统运行较为理想。

3.4.1.3 pH(吸收)与 pH(预处理)相等时系统的脱硫效率

在吸收循环浆液 pH 值与预处理循环浆液 pH 值相同的条件下运行，系统的脱硫效率如图 3-7 所示。

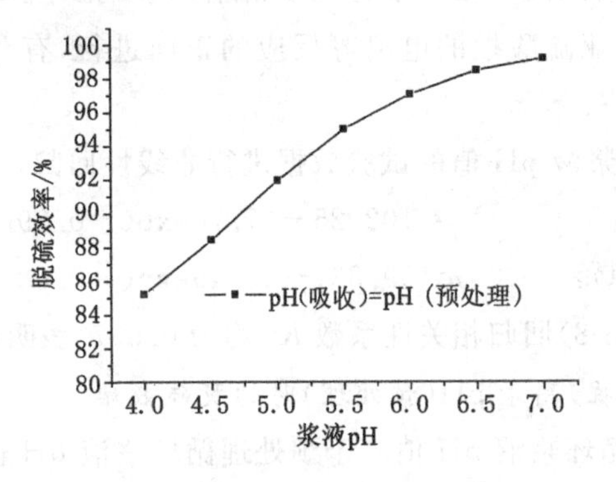

图 3-7 pH(吸收)与 pH(预处理)相等时的脱硫效率变化

由图 3-7 可知，当预处理循环和吸收循环浆液 pH 值均为 7.0 时，系统脱硫效率最高达到了 99.2%，但是由于浆液高 pH 值抑制了石灰石的溶解，石灰石利用率仅为 34.0%，运行一段时间后塔内出现了严重的结垢现象(经测试为硬垢)；当预处理循环、吸收循环浆液 pH 值控制在 4.0 左右时，脱硫效率仅为 85.3%，尽管此时的石灰石溶解率较高，石灰石利用率为 83.6%，但运行经济性较差。

3.4.1.4　双循环多级水幕反应器 pH 值优化控制

针对所设计的双循环多级水幕反应器脱硫浆液 pH 值优化控制，结合图 3-5、图 3-6 和图 3-7 有关预处理循环和吸收循环浆液 pH 值对脱硫效率的影响关系，可作如下分析：

首先，双循环多级水幕反应器塔内的循环浆液经喷嘴高速喷至锥体，反射后产生大量的小液滴，一部分浆液沿锥体表面向下流动形成液膜，另一部分浆液沿锥体表面冲击至塔内壁，沿内壁向下流动形成均匀的液膜，液膜达到导流堰后汇集至锥体顶端，重新形成液滴和液膜。无数的液滴和大面积的液膜的形成，起到很好地促进气液接触的效果。而且，初次设计的反应器吸收循环的锥体和导流堰数目多于预处理循环，所以吸收循环脱硫效果明显高于预处理循环。

其次，高 pH 值有利于 SO_2 的吸收，当吸收循环浆液 pH 值大于预处理循环浆液 pH 值时，脱硫效率会明显提高。控制下段循环浆液 pH 值在较低范围（4.8～5.0）时，上段循环浆液中未参与反应的石灰石会通过溢流导管至下段循环，与下段低 pH 值浆液进行混合，进一步得到溶解。在 pH 值为 4.0～5.0 时，浆液中硫主要以 HSO_3^- 形式存在，$Ca(HSO_3)_2$ 具有一定的缓冲作用，浆液 pH 值受烟气 SO_2 浓度变化影响较小。同时，低 pH 值有利于 $CaCO_3$ 的溶解。烟气经预处理循环进入吸收循环段，吸收循环的浆液 pH 值控制在较高范围（5.9～6.1）时，脱硫效率较高。

在试验范围内，脱硫效率均随循环浆液 pH 值的升高而增加，但在 pH 值大于 6 以后，脱硫效率增加幅度变缓，其主要原因是随着 H^+ 浓度的降低，$CaCO_3$ 中 Ca^{2+} 的溶解越来越困难，导致石灰石利用率降低。在较高 pH 值时，$CaSO_3 \cdot 1/2H_2O$ 溶解度降低较快，吸收塔内吸收的 SO_2 在浆液中主要以 SO_3^{2-} 形式存在，极易使 $CaSO_3$ 的饱和度达到并超过其形成均相成核作用所需的临界饱和度，在塔壁和部件表面上结晶，形成软垢。美国环境保护署（EPA）和田纳西流域管理局（TVA）的中试结果表明，当 pH 值大于 6.2 时，系统会发生结垢堵塞，其原因是在此 pH 值条件下，有较多的 $CaSO_3 \cdot 1/2H_2O$ 生成。本试验确定的 pH 值低于 6.2，所以可以避免软垢的形成。

3.4.2　*L/G* 对脱硫效率的影响

脱硫浆液中 SO_2 与石灰石的反应是以电离形式进行的，脱硫过程的

Ca^{2+}浓度是影响SO_2吸收的关键因素之一，但石灰石是难溶物质，在较小L/G时，由于浆液湍流度有限，Ca^{2+}浓度可能很低。因此，可通过采取措施尽量提高Ca^{2+}浓度，例如可通过提高L/G以增加浆液槽脱硫浆液的循环频率，强化浆液中溶质与水溶液的接触。L/G增加的同时也可强化浆液在反应器内部的流态，这不仅可增加浆液在反应器内部的接触面积，而且可增大气液之间的传质系数或降低传质阻力。对于石灰石湿法脱硫系统，L/G则是气液间表面接触的一个很重要的指标。因此，考察L/G对脱硫效率的影响非常必要。试验条件为SO_2进口浓度约为2 000 mg/m^3，吸收循环的浆液pH值为5.9～6.1，预处理循环浆液pH值为4.8～5.0，分别考察吸收循环和预处理循环L/G改变时对脱硫效率的影响。试验结果如图3-8、图3-9、图3-10所示。

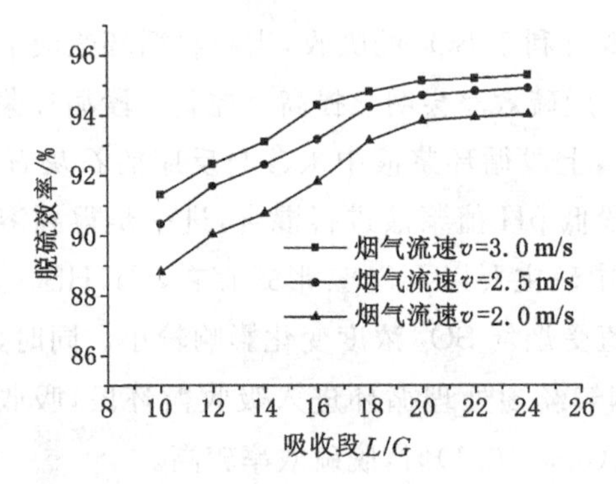

图3-8　脱硫效率与吸收循环L/G之间的关系

由图3-8、图3-9可以看出，双循环多级水幕反应器预处理循环和吸收循环L/G对脱硫效率的影响趋势较为类似，脱硫效率均随两段循环浆液L/G的升高而升高。当L/G从10 L/m^3增加至18 L/m^3，脱硫效率增幅较明显。预处理循环L/G维持在20 L/m^3，吸收循环L/G由10 L/m^3增至18 L/m^3时，脱硫效率平均提高了4.4%；吸收循环L/G维持在20 L/m^3，预处理循环L/G由10 L/m^3增至18 L/m^3时，脱硫效率平均提高了5.0%，增幅与前一种情况相差0.6%。这说明在较低L/G范围，脱硫效率受上、下两段循环浆液L/G的影响均不可忽略。当L/G由18 L/m^3增长到24 L/m^3时，脱硫效率平均仅提高了1.5%。从图3-8、图3-9还可得出，当脱硫浆液L/G增至18 L/m^3以后，曲线明显趋于平缓，脱硫效率不再有明显提高，也即脱硫浆液

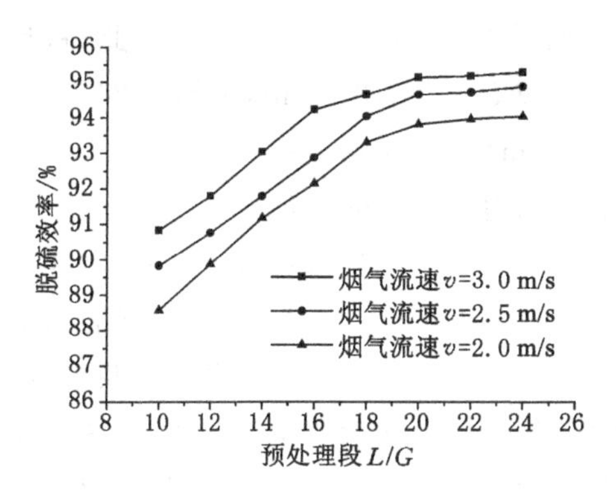

图 3-9　脱硫效率与预处理循环 L/G 之间的关系

L/G 高于 18 L/m³ 后，脱硫反应器脱硫能力接近极限脱硫能力，脱硫效率的提高极其有限。当空塔风速为 3.0 m/s、L/G 大于等于 18 L/m³ 时，脱硫效率维持在 95%左右。

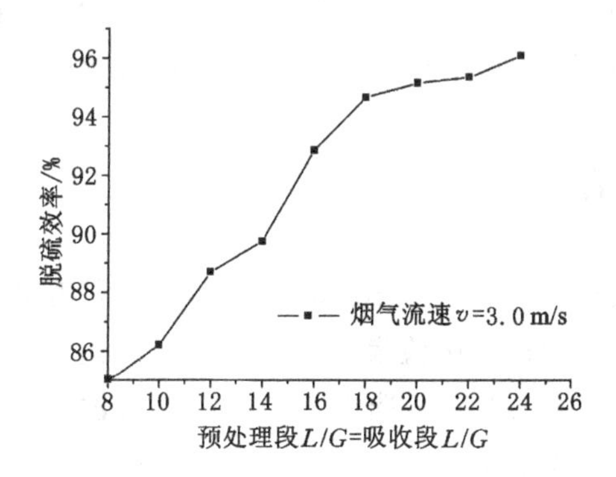

图 3-10　吸收循环和预处理循环 L/G 相等时的脱硫效率的变化

由图 3-10 可知，当上、下循环浆液 L/G 均为 8 L/m³ 时，系统的脱硫效率为 80.7%，SO_2 出口浓度为 387 mg/m³，但仍低于最新的 SO_2 排放标准(400 mg/m³)的要求。当上、下循环浆液 L/G 升高至 12 L/m³ 时，脱硫效率提高至 86.2%，明显高于文献所述在同等条件下得出的脱硫效率。文献[38]中以喷淋塔为试验平台，在空塔风速为 3 m/s、L/G 为 20 L/m³、循环浆液池内浆液 pH 值为 5.74 的情况下，脱硫效率仅为 84.2%。当上、下循环浆液 L/G 升高至 18 L/m³，脱硫效率高达 94.7%，之后，继续升高 L/G，脱硫效率增长幅度变小，维持在 95.0%～96.5%。因此，从运行经济性角度考虑，试验确定合理的浆液 L/G 为 18 L/m^3，不超过 20 L/m^3。

在空塔风速为 3.0 m/s 时，对图 3-11 中脱硫效率(η)-液气比(L/G)的试验数据进行非线性回归，得到如下的方程式：

$$\eta = 138.94 - 41.07\exp(-0.88L/G) \tag{3-9}$$

式(3-9)回归相关性系数 R^2 为 0.987，表明相关性较好。

在空塔风速一定时，增加浆液 L/G，即增大了浆液的循环次数，间接地增加了塔内喷淋密度，气液间的接触概率随之增大，有效提高了气液吸收传质系数和脱硫效率。这可理解为空塔风速不变时，双循环多级水幕反应器喷头的浆液喷淋速度提高，喷射在锥体上的浆液飞溅起更多的小液滴，同时锥体表面和塔内壁的浆液流速增加，液体表面更新较快，气液混合吸收加强，传质反应系数增加，吸收速率增加。在一定的 L/G 范围内，可以保证脱硫效率保持在较高水平，但继续增加 L/G 对提高脱硫效率影响很小。L/G 过高，浆液循环泵的流量增大，从而增加设备的投资和能耗，还会使吸收塔内的压力损失增大，风机能耗增大，设备投资和运行费用相应增加。

3.5 本章小结

(1) 通过正交试验，以 SO_2 去除效率和 $CaCO_3$ 利用率为评价指标，组成 6 因素 5 水平 2 指标的正交试验表 $L_{25}5^6$，试验结果运用极差分析法进行分析，遴选出两个试验优化方案。选用多指标分析方法中的综合平衡法再进行分析，得出最优试验方案。在该方案条件下运行，脱硫效率为 98.2%，石灰石利用率为 95.2%，n_{Ca}/n_S 为 1.03。

(2) pH 值对脱硫效率的影响试验表明，脱硫效率均随浆液 pH 值的升高而增加，但增加趋势逐渐变缓，脱硫效率最高达到了 98.3%。pH(预处理)降低至 4.0、pH(吸收)维持在 5.4～5.6，脱硫效率仍达到 89.3%，但此时石灰石浆液补充量大，n_{Ca}/n_S 达 2.2～3.2，石灰石利用率仅为 42.7%～29.4%，吸收段塔内壁出现部分结垢现象(软垢)。pH(吸收)等于 pH(预处理)条件下，当 pH 值均为 7.0 时，脱硫效率达到 99.2%，但高 pH 值抑制了石灰石的溶解，石灰石利用率仅为 34.0%，运行一段时间塔内出现严重的结垢现象(硬垢)。当 pH(预处理)在 7.0 左右、pH(吸收)为 4.0～6.5 时，运行一段时间后，循环浆液槽中的浆液浓度升高过快，脱硫塔下段塔内壁出现了严重的结垢现象。

(3) 脱硫效率均随浆液 L/G 的升高而增加。在较低 L/G 范围，脱硫效率受预处理循环 L/G 的影响与吸收循环 L/G 的影响均不可忽略。当脱硫浆液 L/G 增至 18 L/m^3 以后，脱硫效率不再有明显提高，脱硫效率维持在95%左右。从运行经济性角度考虑，试验确定合理的浆液 L/G 为 18 L/m^3。

(4) 脱硫效率随空塔风速的增加而增高，综合考虑反应塔运行的经济性，试验确定合理的空塔风速为 3.0 m/s。SO_2 入口浓度范围为 1 000～4 500 mg/m^3，脱硫效率维持在 91.8%以上，SO_2 出口浓度可以保证达标排放。脱硫效率与 SO_2 入口浓度之间的关系试验表明，双循环多级水幕反应器不仅为低浓度 SO_2 治理找到了一条有效的方法，而且突破了常规脱硫塔处理高浓度 SO_2 的限制，在 SO_2 浓度高达 4 500 mg/m^3 时，出口烟气 SO_2 浓度仍可达标排放。

4 添加剂强化烟气脱硫性能试验

添加剂的加入可明显改善脱硫性能，保证脱硫系统的稳定性；在相同的脱硫要求下，可适当放宽脱硫浆液 pH 值运行范围，尽量避免系统在易结垢腐蚀的 pH 值范围内运行，同时可提高石灰石的溶解率和利用率。目前无机添加剂和有机添加剂强化脱硫研究较多，关于复合添加剂强化脱硫相关研究偏少。为此，本书在无机添加剂和有机添加剂强化脱硫性能研究的基础上，进行复合添加剂强化脱硫性能的分析。通过试验考察复合添加剂中的添加剂间是否有协同效应，与无机或有机添加剂相比对烟气脱硫是否有增强效应。本阶段研究目的是改善双循环多级水幕反应器脱硫性能，提高石灰石溶解和利用率，预防或防止系统结垢和腐蚀。

4.1 添加剂的筛选

在添加剂强化脱硫试验前期，本书进行了无机添加剂和有机添加剂筛选和优化试验[130]，无机添加剂包括 Na_2SO_4、$MgSO_4$ 和 NaCl，有机添加剂包括甲酸、己二酸和柠檬酸。筛选和优化的评价标准是添加剂能否促进石灰石的溶解。促进石灰石溶解的添加剂作为强化脱硫试验备选添加剂，抑制石灰石溶解的物质不能作为添加剂使用。

筛选试验结果表明，无机添加剂中的 SO_4^{2-} 可促进石灰石的溶解，而 Cl^- 则对石灰石溶解有抑制作用。0.2 mol/L $MgSO_4$、0.2 mol/L Na_2SO_4 对石灰石的促溶效果显著。甲酸、己二酸、柠檬酸均可提高石灰石的溶解速率，但己二酸促溶作用明显高于柠檬酸和甲酸。本阶段利用筛选试验得出的促溶效果最好的 $MgSO_4$、Na_2SO_4 和己二酸作为添加剂，进行烟气强化脱硫性能试验研究。在无机和有机添加剂强化脱硫试验基础上，采用复合添加剂(强化脱硫效果最佳的无机添加剂和有机添加剂组合)进行强化脱硫性能试验，考察复合添加剂的强化脱硫性能。

4.2　无机添加剂强化脱硫性能

无机添加剂强化脱硫性能试验采用间歇运行方式。间歇式试验时维持浆液槽内浆液量不变，不补充新鲜石灰石浆液，$CaCO_3$ 浓度随脱硫反应时间的延长不断降低，直至试验结束。选择石灰石溶解试验阶段促溶效果较好的 $MgSO_4$ 和 Na_2SO_4 作为添加剂，旨在考察 $MgSO_4$、Na_2SO_4 强化条件下双循环多级水幕反应器脱硫效率、浆液 pH 值随时间的变化，并考察石灰石利用率的变化。试验循环浆液使用量定为 90 L，不补充新鲜浆液，空塔风速为 3 m/s，SO_2 进口浓度维持在 2 000 mg/m³ 左右。考虑到循环浆液 L/G 为 18～20 时脱硫效率已经很高，加入添加剂后的强化脱硫率增幅有限。因此，本阶段强化脱硫试验考察低 L/G(L/G=13 L/m³)运行条件下的无机添加剂强化烟气脱硫性能，试验温度仍为常温，约 25 ℃。

4.2.1　无机添加剂强化脱硫机理分析

石灰石脱硫系统添加 $MgSO_4$ 可改变其化学反应过程，其作用机理主要包括以下几个方面：

(1) $MgSO_3^0$ 的形成

加入 $MgSO_4$ 之后，离解产生的 Mg^{2+} 与浆液中的 SO_3^{2-} 结合成强缔合性的中性离子对 $MgSO_3^0$[59]，反应方程式如下[107]：

$$Mg^{2+} + SO_3^{2-} \longrightarrow MgSO_3^0 \tag{4-1}$$

$$SO_2 + MgSO_3^0 + H_2O \longrightarrow Mg^{2+} + 2HSO_3^- \tag{4-2}$$

$$Mg^{2+} + 2HSO_3^- + CO_3^{2-} \longrightarrow SO_2 + MgSO_3^0 + H_2O + CO_2\uparrow \tag{4-3}$$

中性离子对 $MgSO_3^0$ 的形成与再生，对脱硫效率的提高起很大促进作用。一方面，反应式(4-1)的发生能够促进 HSO_3^- 离解出 SO_3^{2-} 和 H^+，从而加速了 SO_2 向溶液中溶解，同时加速了 CO_3^{2-} 和 H^+、HCO_3^- 和 H^+ 的反应，提高了 SO_2 的吸收和 $CaCO_3$ 的溶解。另一方面，反应式(4-2)和反应式(4-3)的发生，表明吸收 SO_2 的同时也消耗了 CO_3^{2-}，进一步提高了 SO_2 的去除效率和$CaCO_3$的溶解率。

将反应式(4-1)、反应式(4-2)、反应式(4-3)整理后可得如下反应式：

$$2SO_2 + CO_3^{2-} + H_2O \longrightarrow 2HSO_3^- + CO_2 \uparrow \quad (4\text{-}4)$$

$MgSO_3^0$ 在镁强化脱硫过程中起主要作用，其脱硫反应见反应式(4-2)，$MgSO_4$的加入和中性离子对 $MgSO_3^0$ 的形成，可促进 SO_2 的吸收和石灰石的溶解。

(2) SO_4^{2-} 浓度增大，加速 $CaSO_4$ 沉淀

脱硫浆液添加 $MgSO_4$ 后，离解产生 Mg^{2+} 和 SO_4^{2-}，使浆液中的 SO_4^{2-} 浓度增大，SO_4^{2-} 与 Ca^{2+} 结合生成 $CaSO_4$ 沉淀，反应方程式如下：

$$MgSO_4 \longrightarrow Mg^{2+} + SO_4^{2-} \quad (4\text{-}5)$$

$$Ca^{2+} + SO_4^{2-} \longrightarrow CaSO_4 \quad (4\text{-}6)$$

$$CaCO_3 \longrightarrow Ca^{2+} + CO_3^{2-} \quad (4\text{-}7)$$

反应式(4-5)的存在促进反应式(4-6)向右进行，导致浆液中 Ca^{2+} 浓度的降低，从而促使反应式(4-7)向右进行，加速了石灰石的溶解。

石灰石脱硫系统加入无机添加剂 Na_2SO_4，其强化作用机理与 $MgSO_4$ 强化过程类似，主要是浆液中的SO_4^{2-}离子浓度增高，区别则是 Na_2SO_4 强化过程无 $MgSO_3^0$ 中性离子对的生成，强化过程更为简单。反应方程式如下：

$$Na_2SO_4 \longrightarrow 2Na^+ + SO_4^{2-} \quad (4\text{-}8)$$

反应式(4-8)推动反应式(4-6)、反应式(4-7)向右发生消耗了 Ca^{2+}，同时促进了 $CaCO_3$ 溶解，还可以促进下式反应的进行：

$$CaSO_3(s) + SO_4^{2-} \longrightarrow CaSO_4(s) + SO_3^{2-} \quad (4\text{-}9)$$

李玉平等[92]研究发现，在相同脱硫浆液 pH 值条件下，Na_2SO_4 的加入明显提高了石灰石溶解速率，pH 值为 6.0 时，Na_2SO_4 的加入使石灰石的溶解速率提高约 13.5 倍。

综上所述，加入无机添加剂 Na_2SO_4，可提高浆液中 SO_4^{2-} 的浓度，从而促进石灰石的溶解。$MgSO_4$ 的强化作用主要是在提高浆液 SO_4^{2-} 浓度的同时形成 $MgSO_3^0$ 中性离子对，进一步促进了 SO_2 的吸收和石灰石的溶解。

4.2.2 浆液 pH 值随时间的变化

由非添加剂强化烟气脱硫性能试验结果可知，将双循环多级水幕反应器预处理循环浆液 pH 值控制在较低值，保证了高石灰石溶解率和利用率；

吸收循环浆液的高 pH 值控制，保证了高 SO_2 吸收传质性能和脱硫效率。对于无机添加剂强化烟气脱硫性能，通过脱硫浆液 pH 值与脱硫效率之间的关系试验，重点考察浆液 pH 值的变化对脱硫效果的影响。图 4-1 为分别加入无机添加剂 $MgSO_4$ 和 Na_2SO_4 后浆液 pH 值随反应时间的变化与无添加剂强化脱硫试验的对比情况。

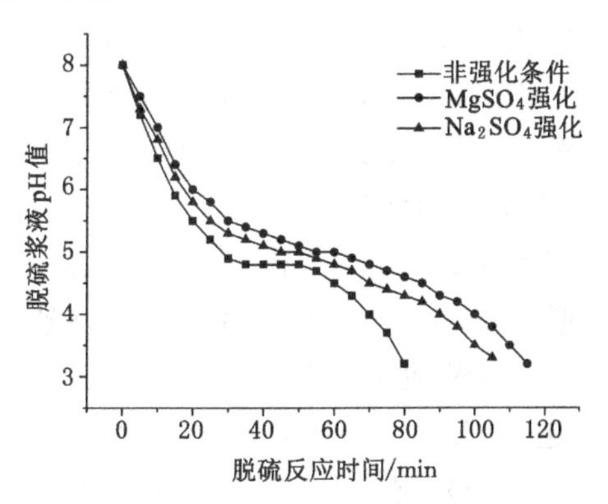

图 4-1 $MgSO_4$ 或 Na_2SO_4 强化条件下浆液 pH 值与时间的关系

由图 4-1 可知，pH 值随反应时间均呈下降趋势，下降趋势随 pH 值范围不同而不同。当 pH 值大于 5.5 时，pH 值随反应时间呈线性急剧下降；而当 4.5＜pH＜5.5 时，pH 值随反应时间的变化趋势明显变缓，表明该阶段的脱硫浆液具有很强的缓冲能力；当 pH 值小于 4.5 时，pH 值随反应时间的变化降幅再次变快，呈快速下降趋势，说明此阶段的脱硫浆液缓冲能力变差或正在失去缓冲能力。结合图 4-1 对添加剂强化过程 pH 值随时间变化的影响分析如下[131]：

当 pH 值大于 5.5 时，随浆液 pH 值的降低，浆液中[SO_3^{2-}]快速下降，而对应的[HSO_3^-]则快速增加。pH 值下降使浆液的[H^+]增加，促进反应式(4-10)和反应式(4-11)向右进行，降低了浆液中[CO_3^{2-}]，这就促进了 $CaCO_3$ 的溶解。但从试验结果可得出结论，溶解的 $CaCO_3$ 量明显少于消耗掉的量，即[H^+]快速增加，浆液 pH 值快速下降。所以 pH 值在此范围的快速下降，反映了 $CaCO_3$ 溶解速率的限制以及 SO_3^{2-} 向 HSO_3^- 的快速转化。

$$CO_3^{2-} + H^+ \longrightarrow HCO_3^- \tag{4-10}$$

$$HCO_3^- + H^+ \longrightarrow H_2CO_3 \tag{4-11}$$

当 4.5＜pH＜5.5 时，随 pH 值的降低，[SO_3^{2-}]下降速率以及[HSO_3^-]增加速率皆趋于缓慢。由于[H^+]增加导致 $CaCO_3$ 溶解速率加快，pH 值的下降速率相应减慢。此时[HSO_3^-]相对很高，SO_3^{2-}/HSO_3^- 共轭酸碱体系的存在使浆液具有较强的 pH 值缓冲能力[131]。

当 pH 值低于 4.5 后，溶液中[HSO_3^-]开始下降，而对应的[H_2SO_3]逐渐升高，浆液中 $CaCO_3$ 的含量已降至极限，消耗掉的 $CaCO_3$ 量高于 $CaCO_3$ 的溶解量，即浆液中有效 $CaCO_3$ 含量不足，pH 值出现再次迅速下降。

$MgSO_4$ 强化过程的 pH-t 关系与无添加剂强化过程有类似变化规律。反应开始时 SO_2 去除量有限，浆液中的 SO_3^{2-} 含量有限，Mg^{2+} 与 SO_3^{2-} 反应生成的 $MgSO_3^0$ 不足以很快表现出强化作用，且此时的浆液 pH 值较高，石灰石溶解速率比较慢，脱硫反应所需 $CaCO_3$ 主要是呈溶解态的 $CaCO_3$。由于呈溶解态的 $CaCO_3$ 含量有限，很快被消耗完，结果表现为浆液 pH 值迅速下降。pH 值的降低促进了 $CaCO_3$ 的溶解，$CaCO_3$ 溶解又影响到浆液的 pH 值。由试验结果可知，$MgSO_4$ 强化时浆液 pH 值缓慢变化阶段要比无添加剂强化所需时间长，尤其在浆液 pH 值小于 5.5 后，下降趋势变缓更明显。对于无添加剂强化过程，pH 值达 4.5 左右时的反应时间约为 50 min；而添加 0.2 mol/L $MgSO_4$ 强化过程达相同 pH 值所需反应时间则在 85 min 以上。下降趋势变缓可解释为，加入 $MgSO_4$ 后，因[SO_4^{2-}]升高而有利于 $CaSO_4$(s)的生成[131]。

由反应方程式

$$CaCO_3(s)+2H^+ \longrightarrow Ca^{2+}+CO_2+H_2O \tag{4-12}$$

可知：

$$[H^+]=K[Ca^{2+}]^{0.5}P_{CO_2}^{0.5} \tag{4-13}$$

浆液中 $CaSO_4$(s)的生成降低了浆液的[Ca^{2+}]，有利于反应式(4-12)向右进行(有利于石灰石的溶解)。同时，[Ca^{2+}]的降低，也会促进 $CaSO_3$ 的溶解。由式(4-13)知，[Ca^{2+}]的降低，[H^+]亦相应降低，浆液 pH 值则升高[131]。试验结果与理论分析均表明，无机添加剂 $MgSO_4$ 的加入和中性离子对 $MgSO_3^0$ 的形成，促进了石灰石及 $CaSO_3$ 的溶解，缓冲了浆液 pH 值的下降，保证了脱硫反应所需时间，同时，$MgSO_4$ 的加入提高了石灰石的利用率。

加入 0.2 mol/L 无机添加剂 $MgSO_4$ 强化石灰石脱硫过程，当浆液 pH

值为 4.5 左右时，[HSO_3^-]最大；随着反应的进行，浆液 pH 值呈下降趋势，与无添加剂强化过程类似。此时浆液中的 $CaCO_3$ 已消耗殆尽，沉淀物主要以 $CaSO_3 \cdot 1/2H_2O$ 形式存在，按下式反应而形成 HSO_3^- 后又重新溶解[131]：

$$CaSO_3 \cdot 1/2H_2O(s) + SO_2 + 1/2H_2O \longrightarrow Ca^{2+} + 2HSO_3^- \tag{4-14}$$

在脱硫反应的不同阶段，反应机理也不尽相同[132-133]。钠、镁强化石灰石脱硫过程类似，但 Na_2SO_4 缓冲效果小于 $MgSO_4$。浆液 pH 值高于 5.5 时，pH 值随脱硫反应下降较快，之后下降趋势减缓。在较高 pH 值时，石灰石溶解速率相对较慢，而由于 SO_2 吸收速率的加快致使溶解态的石灰石消耗很快，pH 值下降较快；随着浆液 pH 值的降低，石灰石的溶解速率增加；相反，因脱硫效率的降低石灰石的消耗速率也逐渐减小，当两者趋于接近时，pH 值的降低趋势相应变缓。试验结果表明加入无机添加剂均促进了石灰石的溶解，有效延缓了循环浆液 pH 值的下降，降低了液相传质阻力，提高了液相传质系数，促进了对 SO_2 的吸收。从整体效果来看，$MgSO_4$ 强化效果大于 Na_2SO_4，pH 值从 7.9 降至 3.6 需要 2 h，持续时间最长。

4.2.3 脱硫效率随时间的变化

$MgSO_4$、Na_2SO_4 强化石灰石脱硫效率试验条件与 4.2.2 试验条件相同，试验结果与无添加剂强化试验结果对比如图 4-2 所示。

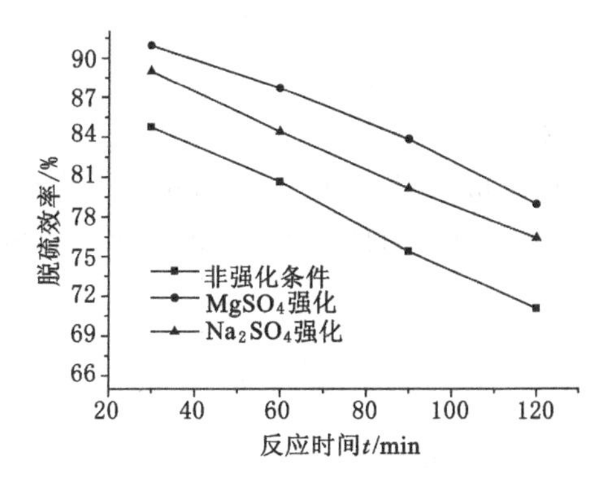

图 4-2 $MgSO_4$、Na_2SO_4 强化石灰石脱硫效率与反应时间的关系

试验结果表明，脱硫效率随反应时间近似呈直线下降。由于添加剂的加入，pH 值随时间的变化趋势减缓，但不太明显，对脱硫效率的下降有一定

缓冲作用。从图 4-2 可看出相同浓度的 $MgSO_4$ 强化脱硫的 pH 值缓冲效果大于 Na_2SO_4。同一时刻下，0.2 mol/L 的 $MgSO_4$、Na_2SO_4 对应的脱硫效率分别比无添加剂强化时提高约 7%和 4%。

对图 4-2 数据进行线性回归，得到以下回归方程：

无添加剂强化：

$$\eta = -0.1555t + 89.591 \tag{4-15}$$

$MgSO_4$(0.2 mol/L)：

$$\eta = -0.1326t + 95.301 \tag{4-16}$$

$NaSO_4$(0.2 mol/L)：

$$\eta = -0.1402t + 92.997 \tag{4-17}$$

式(4-15)、式(4-16)、式(4-17)的拟合相关系数 R^2 分别为 0.994 6、0.991 3、0.997 8，方程拟合相关性较好。

4.2.4 无机添加剂对石灰石利用率的影响

若某时刻 t 的脱硫效率为 $\eta(t)$，则 dt 时间内吸收的 SO_2 物质的量 dn 为[107]：

$$dn = \frac{y_1 pG}{60RT}\eta(t)\,dt \tag{4-18}$$

式中 p——操作压力，Pa；

R——通用气体常数，8.314 J/(K·mol)；

T——操作温度，K；

y_1——进口 SO_2 组分摩尔分数，$y_1 = 22.4C_{SO_2}/(64\times10^6)$，$C_{SO_2}$ 为进口 SO_2 组分浓度，mg/m³；

G——烟气流量，m³/h。

由石灰石湿法脱硫反应式可知，吸收 1 mol SO_2 将消耗 1 mol $CaCO_3$，即 dt 时间内消耗的石灰石物质的量也为 dn，由此得出脱硫过程石灰石的利用率 α 与时间 t 的关系为[107]：

$$\alpha = \frac{My_1 pG}{60RTL_0}\int_0^t \eta(t)\,dt \tag{4-19}$$

式中 L_0——初始 $CaCO_3$ 的量，g；

M——$CaCO_3$ 分子量。

将式(4-15)、式(4-16)、式(4-17)代入式(4-19)积分，得出 α 与时间 t 的关系如下：

无添加剂强化：

$$\alpha=\frac{My_1pG}{60RTL_0}(89.591t-0.0778t^2) \tag{4-20}$$

$MgSO_4$：
$$\alpha=\frac{My_1pG}{60RTL_0}(95.301t-0.0663t^2) \tag{4-21}$$

Na_2SO_4：
$$\alpha=\frac{My_1pG}{60RTL_0}(92.997t-0.0701t^2) \tag{4-22}$$

由式(4-20)、式(4-21)、式(4-22)代入时间 t，即可求出石灰石利用率，在0～2 h内，$MgSO_4$、Na_2SO_4 强化的石灰石利用率比无添加剂强化过程平均分别提高 11%和 5%。当 $t=2$ h 时，无添加剂强化过程、$MgSO_4$ 强化、Na_2SO_4 强化的石灰石利用率分别为 78.93%、85.54%、91.45%。按理论分析，随着反应时间的延长石灰石利用率可达 100%。但由于本阶段测试为间歇性试验，反应过程中不再补充新鲜浆液，石灰石浆液在有限时间内不能充分利用，因此根据试验测试结果计算出的石灰石利用率偏低。

4.3 己二酸强化脱硫性能

本阶段试验分两个过程，即间歇式试验和连续式试验。连续式试验则是保持浆液槽内脱硫浆液量不变，而根据已消耗的石灰石量，定期排放反应生成的含有石膏的混合浆液，并不断补充新鲜石灰石浆液，使脱硫浆液中石灰石浓度保持恒定。间歇式试验测定脱硫效率、循环浆液 pH 值随时间的变化规律；连续式试验考察循环浆液 L/G、己二酸浓度、进口 SO_2 浓度等条件变化对脱硫效率的影响。

4.3.1 脱硫效率随时间的变化

研究脱硫效率随时间的变化采用间歇式试验，考察在不补充新鲜脱硫浆液的前提下，加入添加剂后的脱硫浆液脱硫缓冲能力的变化。试验方法与无机添加剂强化间歇式试验相同。选择己二酸浓度分别为 2 mmol/L、3 mmol/L和 5 mmol/L，空塔风速为 3 m/s，进口 SO_2 浓度 2 000 mg/m^3，吸收循环 pH 值为 5.0～5.1，预处理循环 pH 值为 4.2～4.3，L/G 均为 15。不同己二酸浓度强化试验和无添加剂强化试验(空白试验)对应的脱硫效率随反应时间的变化关系如图 4-3 所示。

由图 4-3 可知，脱硫效率随反应时间呈线性下降，但添加己二酸后下降

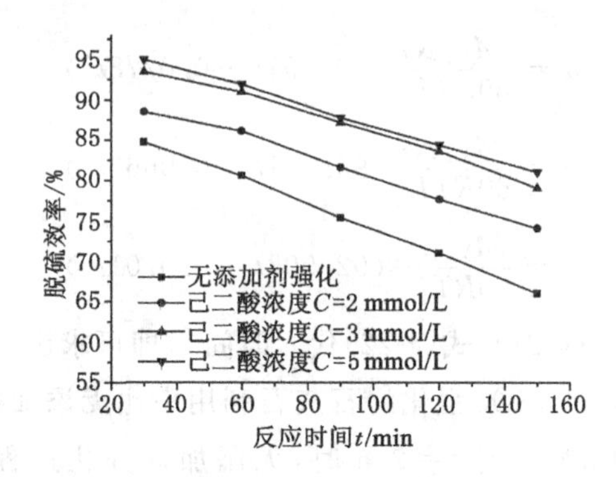

图 4-3 不同己二酸浓度的脱硫效率与反应时间的关系

趋势稍有变缓。其原因是己二酸的存在强化了 H^+ 的传递、缓冲浆液的 pH 值变化，促进了 $CaCO_3$ 的溶解，加速了 SO_2 的化学吸收，提高了整个脱硫系统的稳定性。己二酸浓度越大，缓冲效果越明显，脱硫效率越高。当己二酸浓度分别为 2 mmol/L、3 mmol/L、5 mmol/L 时，对应的脱硫效率比无添加剂时分别提高约 4%、10%和 11%。当浓度大于 3 mmol/L 时，增加添加剂浓度对提高脱硫效率无明显效果。因此，烟气脱硫运行系统己二酸添加浓度为 3 mmol/L 时较为理想。

对试验数据进行非线性回归，得到如下回归方程式：

无添加剂 $C=0$： $$\eta=89.555-0.1548t \tag{4-23}$$

添加剂浓度 $C_1=2$ mmol/L： $$\eta=92.797-0.1245t \tag{4-24}$$

添加剂浓度 $C_2=3$ mmol/L： $$\eta=97.797-0.1212t \tag{4-25}$$

添加剂浓度 $C_3=5$ mmol/L： $$\eta=98.737-0.1185t \tag{4-26}$$

拟合相关系数 R^2 分别为 0.997 8、0.994 3、0.991 4 和 0.998，方程拟合相关性较好。

4.3.2 浆液 pH 值随时间的变化

研究循环浆液 pH 值随时间的变化采用间歇式试验，在不加入新鲜浆液的前提下，考察加入不同浓度的有机添加剂后脱硫浆液的 pH 值缓冲性能。试验条件同 4.3.1。添加不同浓度己二酸后循环浆液 pH 值随时间 t 的变化情况如图 4-4 所示。

由图 4-4 可知，浆液 pH 值随反应时间的延长，均呈下降趋势。由于试

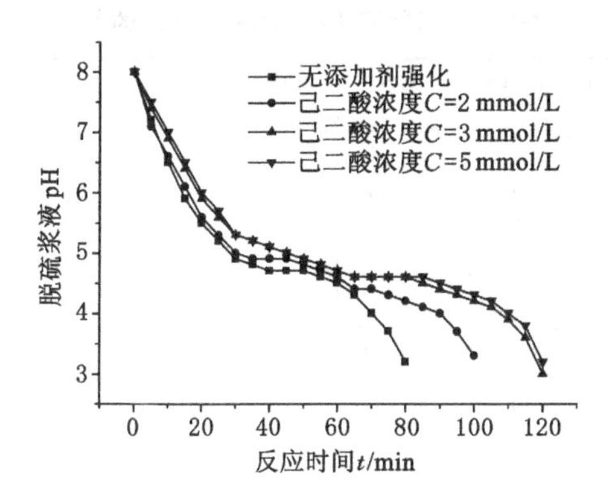

图 4-4　不同浓度己二酸的浆液 pH 值与反应时间的关系

验采用间歇式试验方法，试验初始的脱硫浆液为新鲜浆液，无缓冲能力，因此，在 30 min 以内的浆液 pH 值随反应时间的变化基本一致，均呈直线下降趋势。反应时间超过 30 min，脱硫浆液的缓冲能力开始体现，浆液 pH 值随时间的变化趋势均变缓，但加入己二酸后的浆液 pH 值随反应时间的下降变缓趋势更明显，且己二酸添加浓度越高，pH 值下降幅度越小。当己二酸浓度大于 3 mmol/L 时，pH 值下降变缓幅度不明显。在 60 min 后，加入己二酸的浆液 pH 值变化较小，而未加入添加剂的浆液 pH 值变化较大。试验结果表明，在短时间内己二酸对浆液 pH 值缓冲与无添加剂强化时无明显区别，在新鲜液补充不及时或短期内进口烟气 SO_2 浓度高于正常值时，己二酸的加入可确保脱硫反应器稳定运行波动小，保证在脱硫系统运行条件异常或由于燃煤煤质变化导致的锅炉烟气状态异常时，出口烟气 SO_2 浓度稳定达标排放。

4.3.3　浆液 *L/G* 对脱硫效率的影响

本阶段试验为连续式试验，考察预处理循环和吸收循环 *L/G* 对脱硫效率的影响。试验在低 pH 值(吸收段循环浆液 pH 值 5.0～5.1，预处理段循环浆液 pH 值控制在 4.2～4.3)条件下运行，空塔风速为 3 m/s，SO_2 进口浓度为 2 000 mg/m^3，气温约 25 ℃。

(1) 浆液总量一定，循环浆液 *L/G* 不同对脱硫效率的影响

改变预处理循环和吸收循环 *L/G*，循环浆液总量保持不变，试验结果如表 4-1 所示。

表 4-1　循环浆液 L/G 对脱硫效率的影响

循环液总量/(L/h)	预处理循环液量/(L/h)	吸收循环液量/(L/h)	脱硫效率/%	平均脱硫率/%	方差	标准差	置信水平为95%的置信区间
1 200	600	600	78.11	78.11	0.006 41	0.080 05	78.01～78.22
	500	700	78.01				
	700	500	78.21				
1 300	650	650	79.98	80.02	0.005 76	0.075 87	79.91～80.13
	500	800	80.13				
	800	500	79.96				
1 500	750	750	81.16	81.18	0.002 98	0.054 61	81.11～81.25
	500	1 000	81.23				
	1 000	500	81.25				
	700	800	81.11				
	800	700	81.13				
1 700	850	850	83.56	83.50	0.002 82	0.053 08	83.39～83.61
	700	1 000	83.50				
	1 000	700	83.43				
1 800	900	900	84.90	84.84	0.005 76	0.075 87	84.74～84.94
	1 000	800	84.88				
	800	1 000	84.73				

由表 4-1 可知，随着循环浆液总量从 1 200 L/h 增加至 1 800 L/h，脱硫效率平均值由 78.11%提高到 84.84%。在循环浆液总量(即预处理循环浆液量＋吸收循环浆液量)一定时，改变预处理循环或吸收循环 L/G，脱硫效率基本不变，均在置信水平为 95%的置信区间内，不受预处理循环或吸收循环 L/G 差别的影响。

由此可得出结论，进入塔内的烟气量和 SO_2 浓度恒定，循环浆液总量一定时，在试验设定的脱硫浆液 pH 值范围内，预处理循环和吸收循环浆液量不同对脱硫效率的影响没有显著差异。因此，为便于操作，以下有关添加剂强化烟气脱硫试验，预处理循环和吸收循环 L/G 均采用相同值。

(2) 不同 L/G 对脱硫效率的影响

在做循环浆液 L/G 对脱硫效率的影响试验时，循环浆液量维持在 90 L，己二酸添加剂浓度定为 3 mmol/L，脱硫效率随 L/G 的变化与无添加剂强化脱硫性能对比，结果如图 4-5 所示。由图可知，两条曲线变化趋势相似，脱硫效率均随 L/G 增大而增加，但当 L/G 高于 12.5 L/m^3 时增幅逐渐趋缓。因此，在保证脱硫效率的前提下，考虑到脱硫系统运行的经济性，己二酸强化烟气脱硫的循环浆液 L/G 可控制在 12.5 L/m^3 左右。

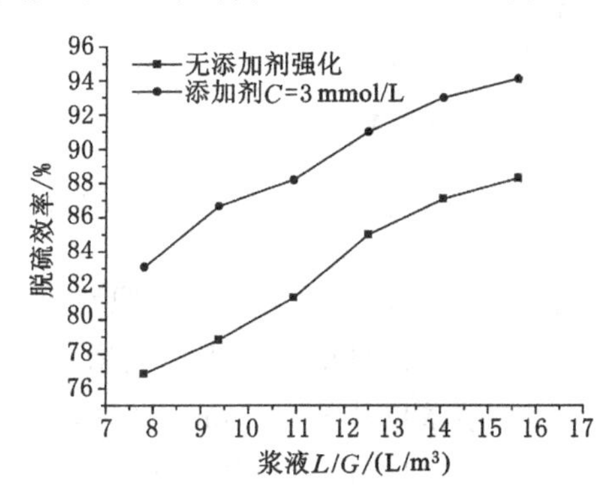

图 4-5 循环浆液 L/G 对脱硫效率的影响

由试验数据计算可知，加入添加剂后的脱硫效率与无添加剂强化相比平均提高了 6%以上。对于相同脱硫效率下所需循环浆液 L/G，添加己二酸后循环浆液 L/G 降低幅度非常明显。以脱硫效率为 85%为例，无添加剂强化脱硫所需循环浆液 L/G 为 12.5 L/m^3，而添加 3 mmol/L 己二酸后所需循环浆液 L/G 约为 8.65 L/m^3，L/G 降低了约 30%。经计算得出，同等条件下加入添加剂后所需浆液 L/G 与无添加剂强化所需 L/G 相比，均降低 30%以上。结果表明，己二酸的加入可大大降低 L/G，从而节约了动力设备费用消耗。

4.3.4 不同 L/G 条件下己二酸浓度对脱硫效率的影响

不同 L/G 条件下，研究己二酸浓度对脱硫效率的影响，采用连续式试验，考察不同 L/G 时脱硫效率随己二酸浓度变化的关系，以得到适合双循环多级水幕反应器烟气脱硫的己二酸浓度。循环浆液 L/G 选择在 9～16 L/m^3范围内的三个典型 L/G，己二酸浓度分别为 2 mmol/L、3 mmol/L 和 5 mmol/L，其他试验操作条件不变，试验结果如图 4-6 所示。

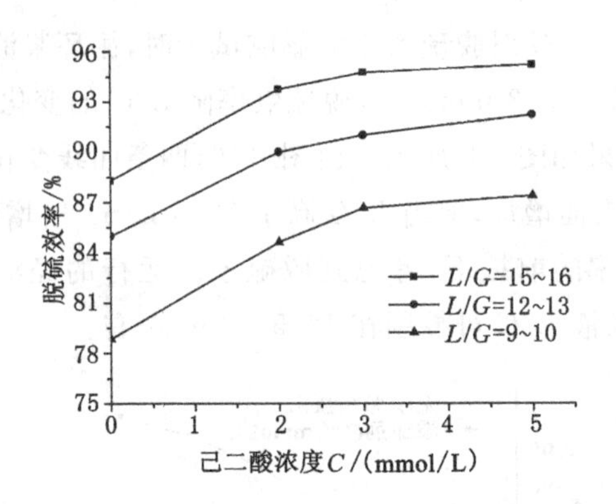

图 4-6　不同 L/G 条件下脱硫效率与己二酸浓度的关系

由图 4-6 可知，不同循环浆液 L/G 条件下的脱硫效率随己二酸浓度的变化趋势基本一致，均随己二酸浓度的增加而相应增大，变化趋势与循环浆液 L/G 大小无关。当己二酸浓度小于 3 mmol/L 时，脱硫效率增加幅度较快；当己二酸浓度大于 3 mmol/L 时，脱硫效率增加幅度明显变缓。综合考虑脱硫效果和运行经济性，双循环多级水幕反应器烟气脱硫适宜的己二酸添加浓度为 3 mmol/L。

4.3.5　SO_2 浓度对脱硫效率的影响

入口 SO_2 浓度的增加对浆液缓冲性能影响较大，特别是当浓度高于正常范围时，若脱硫浆液缓冲能力不强，则脱硫系统会失去脱硫能力，入口 SO_2 浓度急剧增加。对于双循环多级水幕反应器而言，预处理循环和吸收循环浆液 pH 值不同，成分也不同，保证稳定的浆液缓冲能力更显重要。为此，本阶段主要考察入口 SO_2 浓度的变化对脱硫效率的影响，为充分反映脱硫效率的变化，试验循环浆液 L/G 取较低值（L/G＝13 L/m^3），己二酸浓度取 4.3.3节试验得出的最佳浓度值 3 mmol/L，其他试验条件同 4.3.3，不同 SO_2 浓度对脱硫效率的影响结果如图 4-7 所示。

由图 4-7 可知，脱硫效率随入口 SO_2 浓度的增加而降低，添加己二酸后的脱硫效率降低幅度低于无添加剂强化条件。己二酸浓度为 3 mmol/L 时，脱硫效率与无添加剂强化相比，可提高 6%。入口 SO_2 浓度在 500～3 000 mg/m^3 范围内，脱硫效率均可达到 85%以上，而无添加剂强化脱硫效率则低至 77%左右。

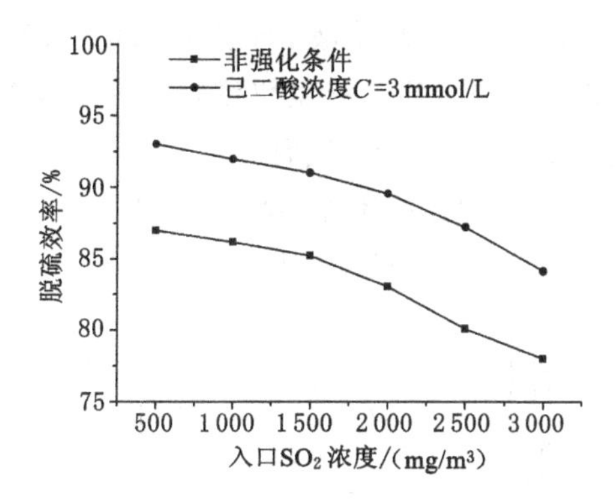

图 4-7 入口 SO_2 浓度对脱硫效率的影响

试验结果表明，己二酸的加入能明显提高脱硫效率和改善脱硫性能。其原因，一方面是己二酸的加入，强化了 H^+ 的传递，缓冲了浆液的 pH 值，使界面上允许有较高的 SO_2 浓度，这样也导致气液传质能力提高；另一方面是己二酸的加入促进了 $CaCO_3$ 的溶解，增加了溶解的碱性离子量，加速了对 SO_2 的化学吸收，明显增强脱硫系统的抗 SO_2 负荷冲击能力。

4.4 复合添加剂强化脱硫性能

在无机添加剂和有机添加剂脱硫试验基础上，为考察两种类型添加剂复合使用时是否存在协同效应，试验选择强化效果最好的己二酸和 $MgSO_4$ 构成复合添加剂，对其强化效果进行研究。本阶段试验保持己二酸浓度 C_1 为 3 mmol/L，改变 $MgSO_4$ 浓度 C_2，变化范围为 0～0.2 mol/L，与空白试验、Na_2SO_4、$MgSO_4$、己二酸独立试验进行对比（Na_2SO_4、$MgSO_4$、己二酸浓度分别为 0.2 mol/L、0.2 mol/L、3 mmol/L）。三种复合添加剂配比分别为：复合添加剂 1 为 3 mmol/L 的己二酸和 0.05 mol/L 的 $MgSO_4$，复合添加剂 2 为 3 mmol/L 的己二酸和 0.1 mol/L 的 $MgSO_4$，复合添加剂 3 为 3 mmol/L 的己二酸和 0.2 mol/L 的 $MgSO_4$。综合分析复合添加剂的强化效果，选择合适的复合添加剂浓度比例。

4.4.1 不同 *L/G* 条件下复合添加剂浓度对脱硫效率的影响

研究复合添加剂浓度对脱硫效率的影响，试验条件、试验方法与 4.3.3

节的连续式试验类似，吸收段循环浆液 pH 值为 5.0～5.1，预处理段循环浆液 pH 值控制在 4.2～4.3，循环浆液量仍维持在 90 L，塔内流速约为 3.0 m/s，SO_2 进口浓度为 2 000 mg/m^3，气温约 25 ℃。考察在四种不同循环浆液 L/G 条件下复合添加剂中无机添加剂浓度 C_2 对脱硫效率的影响（有机添加剂浓度保持 3 mmol/L 不变），试验结果如图 4-8 所示。

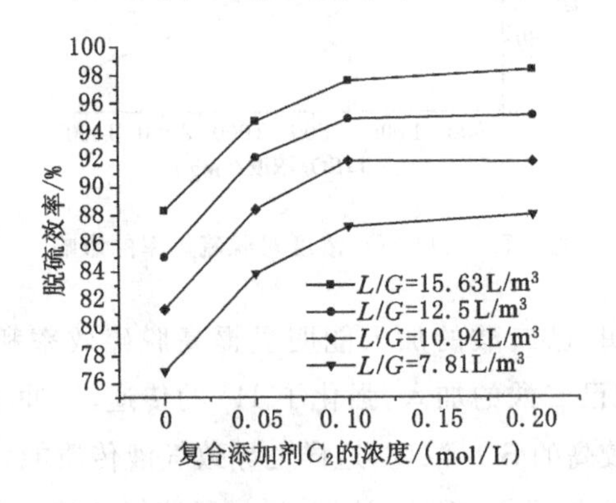

图 4-8　不同 L/G 条件下复合添加剂添加浓度对脱硫效率的影响

由图 4-8 可知，不同循环浆液 L/G 条件下的脱硫效率随复合添加剂中无机添加剂浓度 C_2 的变化趋势基本一致，均随 $MgSO_4$ 浓度的增加而增大，且脱硫效率的变化趋势与循环浆液 L/G 大小无明显关系。当 $MgSO_4$ 浓度小于 0.1 mol/L 时，脱硫效率增加幅度较快；当 $MgSO_4$ 浓度大于 0.1 mol/L 时，不同 L/G 条件下的脱硫效率增加趋势均明显变缓，除 L/G 为 15.63 L/m^3 条件的脱硫效率有小幅增加外，其余三种 L/G 条件的脱硫效率几乎不变。综合考虑脱硫效果和经济性，控制 $MgSO_4$ 浓度 C_2 为 0.1 mol/L 左右较为合适，即复合添加剂 2 为较优组合。

4.4.2　循环浆液 pH 值对脱硫效率的影响

循环浆液 pH 值对脱硫效率的影响试验条件为间歇式试验，其他条件与无机添加剂和有机添加剂强化间歇式脱硫试验条件相同。为比较不同添加剂强化作用下浆液 pH 值变化对脱硫效率的影响，本书结合 4.2、4.3 节有关无机添加剂和有机添加剂强化脱硫部分数据，与复合添加剂 2（己二酸浓度为 3 mmol/L，$MgSO_4$ 浓度为 0.1 mol/L）强化作用时脱硫效率与循环浆液 pH 值之间的关系汇总，进行对比分析，结果如图 4-9 所示。

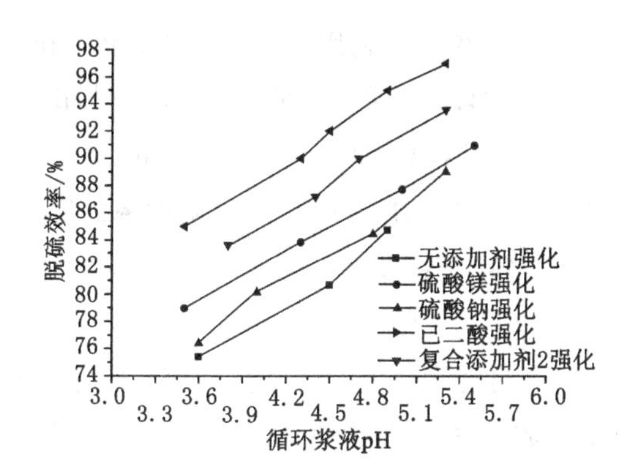

图 4-9 不同添加剂强化脱硫效率与浆液 pH 值之间的关系

间歇式烟气脱硫过程中，反应过程不补充新鲜浆液，随着脱硫反应的进行，循环浆液槽的浆液 pH 值均缓慢下降，这样即可测出不同 pH 值条件下的脱硫效率。由石灰石溶解特性试验可知，浆液 pH 值由 6 降至 3.5 的试验时间在 30～120 min 之间。由图 4-9 分析可知，在试验测试的 pH 值范围内，脱硫效率均随 pH 值近似呈线性变化，各条曲线变化趋势相近。在相同循环浆液 pH 值条件下，无机、有机和复合添加剂强化脱硫效率均不同程度高于无添加剂强化条件的脱硫效率，其中，复合添加剂 2 的强化脱硫效果最好。相同浆液 pH 值条件下，复合添加剂 2、己二酸、$MgSO_4$、Na_2SO_4 强化脱硫效率比空白试验脱硫效率分别高出约 10%、6%、3%和 2%。

对空白、$MgSO_4$ 强化、Na_2SO_4 强化、己二酸强化、复合添加剂 2 强化脱硫过程的脱硫效率与吸收循环浆液 pH 值试验数据进行非线性回归，得到如下的方程式：

空白试验过程： $\eta=6.953\ \mathrm{pH}+50.129$ (4-27)

Na_2SO_4 强化过程： $\eta=7.0379\ \mathrm{pH}+51.338$ (4-28)

$MgSO_4$ 强化过程： $\eta=5.9322\ \mathrm{pH}+58.214$ (4-29)

己二酸强化过程： $\eta=6.7221\ \mathrm{pH}+58.009$ (4-30)

复合添加剂 2 强化过程： $\eta=6.8478\ \mathrm{pH}+60.985$ (4-31)

式(4-27)、式(4-28)、式(4-29)、式(4-30)、式(4-31)的拟合相关系数 R^2 分别为 0.979、0.987 3、0.999 4、0.994、0.994，相关性较好。

虽然高 pH 值对提高脱硫效率有利，但控制 pH 值适当低一些，石灰石溶解速率快，有利于提高石灰石的利用率，另一方面也有利于抑制软垢的形成。因此，在添加剂强化脱硫试验阶段，浆液 pH 值控制在较低水平，即吸收循环浆液 pH 值为 5.0～5.1、预处理循环浆液 pH 值为 4.2～4.3 较为理想。

4.4.3 不同添加剂强化条件下浆液 *L/G* 对脱硫效率的影响

采用连续式试验，吸收循环浆液 pH 值为 5.0～5.1，预处理循环浆液 pH 值为 4.2～4.3，气体流量保持不变（空塔风速为 3 m/s），SO_2 进口浓度为 2 000 mg/m^3 左右。对比研究三个不同复合添加剂组合、$MgSO_4$、已二酸、空白试验 6 种强化脱硫条件下，不同脱硫浆液 *L/G* 对脱硫效率的影响，对比分析结果如图 4-10 所示。

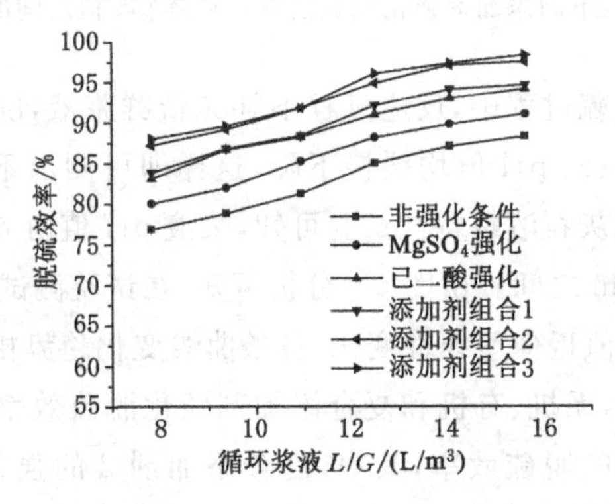

图 4-10 不同添加剂强化脱硫效率与 *L/G* 的关系

由图 4-10 可知，6 条关系曲线变化趋势相似，脱硫效率均随 *L/G* 的增大而增加，但当 *L/G* 高于 12.5 L/m^3 时，脱硫效率增幅逐渐趋缓。与无添加剂强化脱硫性能相比，加入添加剂之后，脱硫效率均有不同程度的提高，复合添加剂的强化效果最好，复合添加剂 1、2 和 3 的加入，脱硫效率分别比空白试验平均提高了 7%、10%和 11%。复合添加剂 3 强化下的脱硫效率比相同条件下的已二酸强化提高 6%、比 $MgSO_4$ 强化提高 3%。而且，复合添加剂中无机和有机添加剂浓度分别低于单添加剂强化浓度时，强化脱硫效果仍比单添加剂强化效果有所增加，因此可认为复合添加剂有协同作用。

由图 4-10 计算可知，当脱硫效率为 88%时，无添加剂强化试验 *L/G* 约为 16 L/m^3，添加 $MgSO_4$ 和已二酸后 *L/G* 大约为 12.5 L/m^3、11 L/m^3，添加三种不同浓度复合添加剂后 *L/G* 大约为 10 L/m^3、8 L/m^3、7.5 L/m^3，

L/G均有不同幅度减小，减小幅度最大达到了53.1%。试验结果说明，在相同脱硫效率前提下，添加剂的加入可大大降低L/G，从而降低脱硫运行的动力费用。

对添加剂强化下的数据进行非线性回归，得到如下的方程式：

空白试验过程：$\eta=49.11(L/G)^{0.2145}$ (4-32)

硫酸镁强化过程：$\eta=53.076(L/G)^{0.198}$ (4-33)

己二酸强化过程：$\eta=57.499(L/G)^{0.1807}$ (4-34)

复合1强化过程：$\eta=57.21(L/G)^{0.1857}$ (4-35)

复合2强化过程：$\eta=60.41(L/G)^{0.1767}$ (4-36)

复合3强化过程：$\eta=60.915(L/G)^{0.1758}$ (4-37)

以上5个回归方程的拟合相关系数R^2分别为0.983、0.987 4、0.991 4、0.980 3、0.981 8、0.963 7，可见其与试验数据符合良好，相关性较好。

4.4.4 SO_2浓度对脱硫效率的影响

考察无添加剂强化、己二酸强化和复合添加剂（己二酸浓度为3 mmol/L，$MgSO_4$浓度为0.1 mol/L）强化条件下，入口SO_2浓度对脱硫效率的影响。吸收循环浆液pH值为5.0～5.1，预处理循环浆液pH值为4.2～4.3，L/G均为12.5 L/m^3，空塔风速为3.0 m/s，温度为常温，约25 ℃。试验结果如图4-11所示。

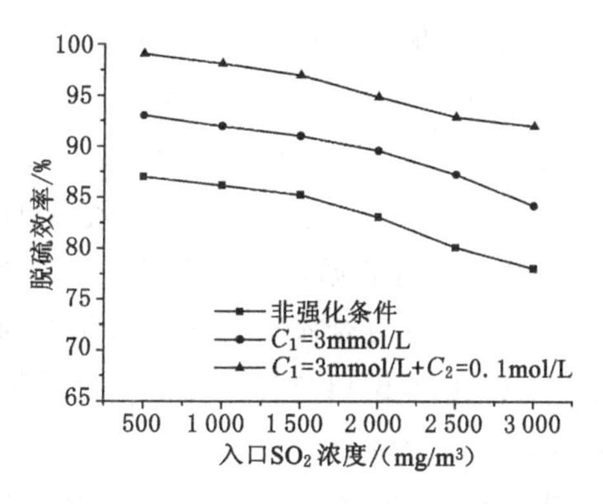

图4-11 脱硫效率与入口SO_2浓度的关系

由图4-11可知，三种添加剂强化条件下的脱硫效率均随入口SO_2浓度的增高呈下降趋势，各条关系曲线形状相似，且下降趋势均比较平缓，入口

SO_2 浓度由 500 mg/m^3 增加至 3000 mg/m^3 时，无添加剂强化、已二酸强化和复合添加剂强化脱硫效率分别从 87%、93%和 99%下降至 78.02%、84%和 92%。与无添加剂强化脱硫效率相比，加入添加剂后，脱硫效率均有不同程度的增加，复合添加剂的强化脱硫效果最好，脱硫效率平均提高了 13%。尤其是入口 SO_2 浓度在 2 000 mg/m^3 以上时，复合添加剂强化脱硫效率的下降趋势比空白和单独已二酸强化脱硫效率的下降更为缓慢。入口 SO_2 浓度由 2 500 mg/m^3 增加至 3 000 mg/m^3 时，无添加剂强化、已二酸强化和复合添加剂强化脱硫效率分别下降了 2.07%、3%和 1%。试验结果表明，在高入口 SO_2 浓度条件下，复合添加剂的脱硫缓冲作用更加明显和突出，即复合添加剂在高浓度 SO_2 条件下应用效果更佳。

4.4.5 不同添加剂对石灰石利用率的影响

无机添加剂对石灰石利用率的影响试验采用间歇式试验方法，虽然随着反应时间的增加，浆液 pH 值逐渐降低，但没有脱硫浆液的排出，浆液过饱和度越来越大，浆液质量浓度逐渐增加，$CaHSO_3$ 和 $CaSO_3 \cdot 1/2H_2O$ 含量越来越高，抑制了石灰石的溶解，导致石灰石利用率不高。连续式试验过程中，添加剂对石灰石利用率的影响，根据测试方法所述，可以通过 n_{Ca}/n_S 和脱硫效率计算出石灰石的利用率[107]。

不同添加剂对石灰石利用率的影响试验条件为连续式、低 pH 值，吸收循环浆液 pH 值为 5.0～5.1，预处理循环浆液 pH 值为 4.2～4.3，浆液量维持在 90 L，塔内流速约 3.0 m/s，SO_2 进口浓度为 2 000 mg/m^3，L/G 均为 12.5 L/m^3，气温约 25 ℃。测试数据和计算结果见表 4-2。

由表 4-2 可知，添加剂的加入有效提高了脱硫效率，同时对石灰石利用率的提高也有显著促进作用。复合添加剂强化脱硫效果明显高于单独添加已二酸或 $MgSO_4$ 的强化效果。复合添加剂 3 的石灰石利用率比空白试验高出 19.6%，比 $MgSO_4$ 强化高出 14.32%，比已二酸强化高出 8.11%。从计算结果可以看出，在该工况下运行，继续提高复合添加剂中 $MgSO_4$ 的浓度，对提高石灰石的利用率作用明显减弱。因此，从脱硫效率和经济性上考虑，复合添加剂 2 为最佳选择，即已二酸浓度为 3 mmol/L，$MgSO_4$ 浓度为 0.1 mol/L。

表 4-2 添加剂对石灰石利用率的影响

项目	空白	$MgSO_4$	己二酸	复合 1	复合 2	复合 3
n_{Ca}/(mol/min)	0.033	0.031	0.030	0.032	0.031	0.030
n_S/(mol/min)	0.029	0.028	0.028	0.030	0.030	0.029
n_{Ca}/n_S	1.138	1.107	1.071	1.067	1.033	1.034
脱硫效率 η/%	85.03	88.15	91.46	92.12	94.86	96.10
石灰石利用率 α/%	74.72	79.63	85.40	86.34	91.83	92.94

注：n_{Ca}为单位时间内消耗的 Ca^{2+} 的摩尔数，mol/min，根据蠕动泵的转速和浆液浓度进行换算；n_S为单位时间内去除的 SO_2 摩尔数，mol/min，根据空塔风速和 SO_2 浓度进行换算；n_{Ca}/n_S为单位时间内消耗的钙硫比；η 为脱硫效率，由 SO_2 进出口浓度计算可得，%；α 为石灰石利用率，由于去除 1 mol SO_2 需要 1 mol $CaCO_3$，因此 $\alpha=\eta/(n_{Ca}/n_S)$。

4.5 本章小结

本章在添加剂筛选和优化的基础上，选用对石灰石促溶效果最好的 $MgSO_4$ 和 Na_2SO_4 无机添加剂、己二酸有机添加剂进行烟气脱硫性能试验，选用强化脱硫效果最好的 $MgSO_4$ 无机添加剂和己二酸有机添加剂组合进行复合添加剂强化脱硫试验，考察不同浓度添加剂强化条件下的脱硫效率和石灰石利用率随浆液 pH 值、L/G 和进口 SO_2 浓度的变化关系，得出如下结论：

(1) $MgSO_4$ 或 Na_2SO_4 等无机添加剂的加入能明显提高烟气脱硫效率和脱硫稳定性，且 $MgSO_4$ 强化脱硫效果明显优于 Na_2SO_4。脱硫浆液的 pH 值明显降低，改善了石灰石溶解所需浆液条件，有效提高了石灰石利用率，防止塔内出现结垢现象。无机添加剂的加入使 pH 值随时间的变化趋势减缓，对脱硫效率的下降有明显缓冲作用，$MgSO_4$ 强化缓冲效果大于 Na_2SO_4。

(2) 当己二酸浓度分别为 2 mmol/L、3 mmol/L、5 mmol/L 时，对应的脱硫效率与无添加剂强化脱硫效率相比，分别提高约 4%、10%和 11%。当浓度大于 3 mmol/L 时，脱硫效率无明显提高。相同脱硫效率下，己二酸的加入可使 L/G 降低约 30%，经济性明显。

(3) 复合添加剂强化脱硫性能试验结果证明己二酸和 $MgSO_4$ 间存在协

同效应，脱硫效率比无添加剂强化、$MgSO_4$ 强化和己二酸强化分别高出 19.6%、14.32%、8.11%，石灰石利用率相应提高 11%、8%、5%。在相同脱硫效率条件下，复合添加剂脱硫所需 L/G 与无添加剂强化脱硫相比，减小幅度最高可达 53.1%，大大降低了脱硫运行的动力费用。综合考虑脱硫效率和石灰石利用率，复合添加剂中，己二酸浓度维持在 3 mmol/L，$MgSO_4$ 浓度为 0.1mol/L 左右较为合适。

5 热湿交换性能试验

石灰石-石膏湿法烟气脱硫过程，不仅是复杂的气-固-液三相反应过程，也伴随着复杂的质量传递和热量传递过程。喷淋液对热态烟气的洗涤过程，类似于绝热增湿过程，水分的蒸发不仅消耗工艺用水，还使得出塔烟气温度大幅降低，在无烟气再热的情况下会造成后续管道、风机和烟囱的腐蚀。通过热湿交换性能试验，获得进口烟气温度、湿度和浆液温度的变化与出口烟气温度和湿度之间的关系，预测进口烟气温度和湿度的变化对脱硫系统和出口烟气状态的影响，从而有效调控烟气脱硫工艺的运行。

5.1 热湿交换过程与数学模型

5.1.1 热湿交换过程分析

热质传递理论中，以薄膜理论最具代表性，该理论基本论点为，当流体靠近固体或液体表面流过时，存在一层附壁薄膜，其在薄膜流体侧与浓度均匀的主流连续接触，并假设膜内流体与主流间无相互混合和扰动，整个传质过程相当于在薄膜上的扩散作用，且认为在薄膜上垂直于壁面方向浓度分布呈线性关系[134]。当热空气与液体表面或液滴表面接触时，由于水分子无规则运动，在贴近液体表面处存在一个温度等于水表面温度的饱和空气边界层，边界层上水蒸气分压与液体表面温度有关。空气与液体之间的热湿交换与主体空气和边界层内饱和空气间温度差及水蒸气分压力差的大小有关[135]。热湿交换过程如图 5-1 所示。

温差是包括显热交换和潜热交换在内的热交换推动力，当气相主体温

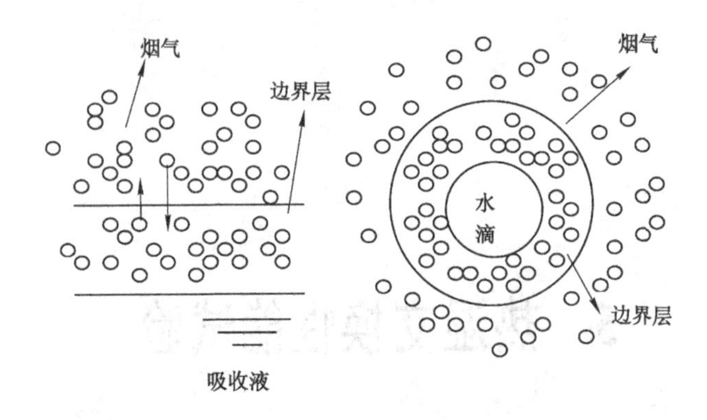

图 5-1　气液热湿交换过程示意图

度高于边界层内气体温度时，由气相主体向边界层传热，此过程为降温过程；反之，由边界层向气相主体传热，为加热过程。水蒸气分压力差是包括分子扩散和湍流扩散在内的湿交换的推动力，当气相主体的水蒸气分压力大于边界层内蒸汽分压力时，水蒸气分子由气相主体向边界层迁移，此过程为减湿过程；反之，则为增湿过程。

热空气与水或水滴直接接触时，水表面形成的饱和空气边界层与气相主体之间通过分子扩散与湍流扩散进行混合，使气相主体的状态发生变化。同时，水或水滴不断吸收热量导致温度升高，水分不断从其表面蒸发。由于水或水滴温度的不断升高，水或水滴与烟气的温差不断减小，即传热推动力逐渐减弱，传热速率不断减小，导致烟气对水滴的传热量逐渐减少；另一方面，随着水或水滴温度的升高，水或水滴所吸收的蒸发潜热不断增多，当水或水滴温度升高至某一温度值时，水或水滴所吸收的热量恰好等于蒸发所需热量，水或水滴达到热量动态平衡状态，温度不再改变，蒸发即处于一种平衡状态。

5.1.2　热湿交换数学模型

在湿法脱硫过程中，假设系统处于封闭绝热状态，无液体外排和新鲜液体的补充。在烟气与液体接触洗涤的过程中，液体中的水分不断吸收高温烟气中的热量，温度由 t_{21} 逐渐升高至 t_{22} 并被蒸发汽化；高温烟气的显热逐渐转变为水蒸气的潜热，而烟气温度则由 T_{11} 逐渐下降至 T_{12}，湿度由 H_{11} 逐渐增加至 H_{12}。脱硫反应器热湿交换模型如图 5-2 所示。

当烟气温度 $T_{12} > t_{22}$ 时，就会不断向液体中传热，T_{12} 下降而 t_{22} 上升；当

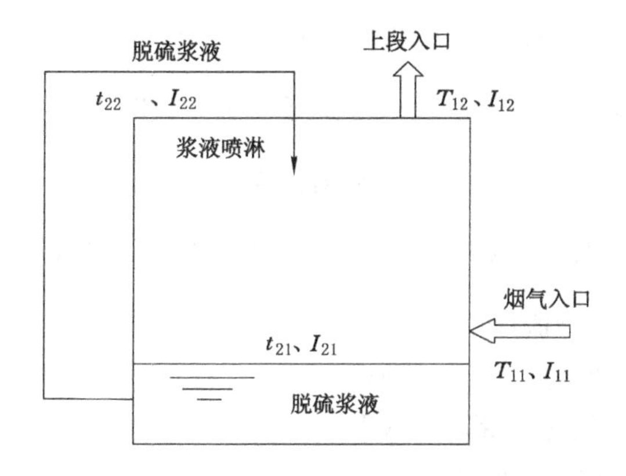

图 5-2 脱硫反应器热湿交换模型

$T_{12} < t_{22}$时，烟气就会不断从液体吸热，此时 T_{12}上升而 t_{22}下降；当 $T_{12} = t_{22}$时，烟气与液体的传热达到动态平衡，T_{12}不再下降，t_{22}不再上升。因此，湿法脱硫过程总会达到 T_{12}等于 t_{22}的平衡稳定状态。

在绝热过程中烟气达到饱和时，气相和液相为同一温度，即 $t_{12} = t_{22} = T_{12}$，烟气温度降低至绝热饱和温度 θ_{as}，其湿度增加至饱和湿度 H_{as}，烟气量则增加到 V_{as}，湿烟气比热容为 c_{as}。在稳定状态下，高温烟气温度降低释放出的显热等于水分汽化所需的潜热，这部分潜热又由水蒸气带回至烟气中，焓值不变。在脱硫塔体进、出口之间的热量衡算如下：

进塔烟气的焓为：

$$I_{11} = (c_g + H_{11}c_V)t_{11} + H_{11}r_0 = (1.01 + 1.88H_{11}) \cdot t_{11} + 2\ 490H_{11} \tag{5-1}$$

式中，c_V 为水蒸气比热容，c_g 为绝干空气比热容。

出塔烟气的焓为：

$$I_{12} = (c_g + H_{12}c_V)t_{12} + H_{12}r_0 = (1.01 + 1.88H_{12}) \cdot t_{12} + 2\ 490H_{12} \tag{5-2}$$

绝热过程的焓值不变，因此：

$$(1.01 + 1.88H_{11}) \cdot t_{11} + 2\ 490H_{11} = (1.01 + 1.88H_{12}) \cdot t_{12} + 2\ 490H_{12} \tag{5-3}$$

将 $H_{12} = 0.622\dfrac{\varphi b p_s}{p - \varphi b p_s}$代入式(5-3)得：

$$(1.01+1.88H_{11})\cdot t_{11}+2\ 490H_{11}=$$

$$1.01t_{12}+(1.88t_{12}+2\ 490)\times 0.622\frac{\varphi b p_{s}}{p-\varphi b p_{s}} \quad (5\text{-}4)$$

其中 p_s 是 t_{12}的函数，由标准数据拟合得：

$$p_{s}=1.436\exp\left(\frac{t}{22.287\ 86}\right)-1.239\ 89, t\in(20,60) \quad (5\text{-}5)$$

式中 I——烟气焓值，kJ/kg(干)；

b——饱和水蒸气分压，Pa；

H——烟气含湿量，g/kg(干)；

t——喷淋液温度，℃；

r——汽化潜热，J/kg；

c——比热容，J/(kg·K)；

φ——相对湿度，kg/kg。

依据式(5-5)，只要知道入塔烟气状态(t_{11}，H_{11})就能够计算出塔烟气状态(t_{12}，H_{12})，同时计算得到液体温度 $t_{22}=t_{12}$。

5.2 热湿交换试验内容与步骤

本阶段试验是在不通入 SO_2 的情况下，主要考察烟气条件(入口烟气温度和湿度)和运行参数(喷淋液温度和 L/G)对烟气热湿交换性能的影响，探寻烟气温度、湿度随工艺参数的变化规律。进口烟气温度由 XMT-101 型数字式温度控制仪进行控制，进出口烟气温度和湿度参数利用 T18-635 型温湿度测量仪进行监测。通过设计多因素正交试验，确定对热湿交换性能影响较大的工艺参数，在此基础上进行脱硫反应器下段的单因素试验。以下段热湿交换性能试验结果为基础，在下段正常运行的情况下，考察脱硫反应器上段的烟气温度、上段喷淋液温度和 L/G 对出口烟气状态的影响。试验主要内容如下：

(1) 分别以烟气温度和烟气湿度为指标进行正交试验，利用极差分析法得出对烟气状态影响最大的一个或多个因素。通过下段循环的单因素试验，确定下段循环(预处理循环)对热湿交换性能影响较大的运行参数和参数变化范围。

(2) 脱硫反应器下段循环热湿交换试验，主要考察入塔烟温、喷淋液温度、喷淋液 L/G 对热质传递的影响。试验结果通过非线性规划，应用Matlab优化工具箱中的 lsqnonlin 函数，建立脱硫反应器下段循环的热湿交换数学模型。

(3) 利用下段循环热湿交换试验得出的热湿变化规律和数学模型，设计脱硫反应器上段循环单因素试验。在脱硫反应器下段循环正常运行的前提下，考察上段循环(吸收循环)的热湿交换性能。

5.3 下段热湿交换性能试验与结果分析

5.3.1 下段热湿交换正交试验与结果分析

5.3.1.1 热湿交换正交试验设计

利用正交试验法，考察烟气温度、湿度和运行参数的变化对双循环多级水幕反应器热湿交换性能的影响，选取空塔风速(A)、入塔烟温(B)、喷淋液温度(C)、入塔烟气湿度(D)、预处理循环 L/G(E)5 个因素，每个因素取 5 个水平，具体如表 5-1 所示。

表 5-1 正交试验因素及水平

水平	因素				
	空塔风速/(m/s)(A)	入塔烟温/(℃①)(B)	喷淋液温度/℃(C)	入塔烟气湿度/%(D)	预处理循环 $L/G/(L/m^3)$(E)
1	2.0	80±1	25	3	8
2	2.5	93±1	33	3.5	11
3	3.0	105±1	40	4	13
4	3.5	118±1	48	4.5	15
5	4.0	130±1	55	5	18

注:① 入塔烟气温度为干球温度。

5.3.1.2 正交试验结果与分析

热湿交换正交试验设计以出口烟气湿度和出口烟气温度为评价指标，由此组成 5 因素 5 水平 2 指标的正交试验 $L_{25}5^6$，考察双循环多级水幕反应器内烟气热湿交换性能的影响因素，试验结果采用直观分析法(极差分析法)进行分析，分析结果如表 5-2 所示。

表 5-2 正交试验结果与分析

项目		空塔风速/(m/s)(A)	入塔烟温/℃(B)	喷淋液温度/℃(C)	入塔烟气湿度/%(D)	喷淋液 L/G/(L/m³)(E)	出口烟气湿度/%	出口烟温/℃
指标	1	2.0	80	25	3	8	3.35	48.5
	2	2.0	93	33	3.5	11	4.41	52.2
	3	2.0	105	40	4	13	5.56	57.3
	4	2.0	118	48	4.5	15	8.01	63
	5	2.0	130	55	5	18	10.06	65
	6	2.5	80	33	4	15	3.85	41.2
	7	2.5	93	40	4.5	18	5.96	46.1
	8	2.5	105	48	5	8	6.95	64.1
	9	2.5	118	55	3	11	7.7	66.5
	10	2.5	130	25	3.5	13	3.76	52.6
	11	3.0	80	40	5	11	6.11	53
	12	3.0	93	48	3	13	6.42	53.5
	13	3.0	105	55	3.5	15	9.37	58
	14	3.0	118	25	4	18	4	36.5
	15	3.0	130	33	4.5	8	6.21	67.1
	16	3.5	80	48	3.5	18	6.27	55
	17	3.5	93	55	4	8	7.64	59.3
	18	3.5	105	25	4.5	11	3.51	40.5
	19	3.5	118	33	5	13	4.81	44
	20	3.5	130	40	3	15	6.62	70
	21	4.0	80	55	4.5	13	7.95	51.9
	22	4.0	93	25	5	15	4.28	36.1
	23	4.0	105	33	3	18	4.62	41.8
	24	4.0	118	40	3.5	8	6.31	64.6
	25	4.0	130	48	4	11	8.07	68
	k_1	6.278	5.506	3.78	5.942	6.092	各因素水平指标之和平均值	
	k_2	5.844	5.742	4.78	6.024	6.160		
	k_3	6.422	6.002	6.112	5.824	5.700		
	k_4	5.77	6.366	7.144	6.328	6.426		

表(5-2)续

项目		空塔风速/(m/s)(A)	入塔烟温/℃(B)	喷淋液温度/℃(C)	入塔烟气湿度/%(D)	喷淋液 L/G/(L/m³)(E)	出口烟气湿度/%	出口烟温/℃
指标	k_5	6.246	6.944	8.744	6.442	6.182		
	极差 R	0.652	1.438	4.964	0.618	0.726		
	方案 1	3	130	55	5	15		
	k'_1	58.60	50.32	43.04	56.26	61.32	各因素水平指标之和平均值	
	k'_2	54.78	49.64	49.86	56.88	56.24		
	k'_3	54.02	52.94	58.80	53.26	53.06		
	k'_4	53.96	55.32	61.32	54.12	53.86		
	k'_5	53.08	66.14	61.34	53.84	49.88		
	极差 R'	5.52	16.5	18.3	3.62	11.44		
	方案 2	2	130	55	3.5	8		

注:k_i——因素 A、B、C、D、E 在第 i 个水平时的烟气湿度的平均值;k'_i——因素 A、B、C、D、E 在第 i 个水平时的烟气温度的平均值;R、R'——极差,k_i、k'_i 中最大值减去最小值。

由表 5-2 可看出,对于烟气湿度指标,由 A、B、C、D、E 五个因素计算出的极差分别为 0.652、1.438、4.964、0.618、0.726。显然第 3 列因素 C 的极差 4.964 最大,说明因素 C 的水平改变对烟气湿度指标影响最大,因此因素 C 是主要因素。第 2 列因素 B 的极差为 1.438,仅次于因素 C,是次要因素。由此可知,对烟气湿度指标影响较大的因素为 C(喷淋液温度)和 B(入塔烟温),其他 3 个因素 E(喷淋液 L/G)、A(空塔风速)和 D(入塔烟气湿度)由于极差非常小,对烟气湿度变化的影响可忽略。

各个因素所对应的不同水平对烟气湿度影响也不一样,因素 C 的 5 个水平所对应的烟气湿度平均值分别为 3.78、4.78、6.112、7.144 和 8.744,第 5 个水平对应的数值 8.744 最大,所以第 5 水平对出口烟气湿度影响最大。因素 B 的 5 个水平对应的指标平均值分别为 5.506、5.742、6.002、6.366 和 6.944,第 5 个水平对应的数值 6.944 最大,所以第 5 水平对出口烟气湿度影响最大。依次类推分析,因素 E、因素 A 和因素 D 对应的出口烟气湿度最大水平分别为第 4、3、5 水平。所以,以烟气湿度为指标得出的影响最大的一组参数为 $A_3B_5C_5D_5E_4$,即喷淋液温度(C)=55 ℃、入塔烟温(B)=130 ℃、喷淋液 L/G(E)=15 L/m³、空塔风速(A)=3 m/s 和入塔烟气湿度(D)=5% (kg/kg)。

对于烟气温度指标,A、B、C、D、E 5 个因素的极差分别为 5.52、16.5、

18.3、3.62 和 11.44。显然第 3 列因素 C 的极差 18.3 最大，说明因素 C 的水平改变对烟气温度指标影响最大，因此因素 C 是主要因素。第 2 列因素 B 的极差为 16.5，第 5 列因素 E(脱硫浆液 L/G)的极差为 11.44，均仅小于因素 C，明显大于因素 A 和因素 D，为次要因素。由此可知，对烟气温度指标影响较大的因素为因素 C、因素 B 和因素 E，其他两个因素 A 和因素 D 的极差远低于主要和次要因素，也即对烟气温度变化的影响较小，均可忽略。

因素 C 的 5 个水平所对应的烟温均值分别为 43.04、49.86、58.80、61.32和 61.34，以第 5 个水平所对应的数值 61.34 最大，所以取它的第 5 水平对应的出口烟气温度最大。第 2 列因素 B 的 5 个水平对应的指标平均值分别为 58.60、54.78、54.02、53.96 和 53.08，以第 1 个水平对应的数值 58.60最大，所以取第 1 水平对应出口烟温度最大。依次类推分析，因素 E、因素 A 和因素 D 对应的出口烟温最大水平分别为第 1、1、2 水平。所以，以烟气温度为指标得出的影响最大的一组参数为 $A_1B_5C_5D_2E_1$，即喷淋液温度(C)＝55 ℃，入塔烟温(B)＝130 ℃，喷淋液 L/G(E)＝8 L/m^3，空塔风速(A)＝2 m/s 和入塔烟气湿度(D)＝3.5% (kg/kg)。

通过正交试验数据分析可知，气液两相热质传递后烟气温度的主要影响因素为因素 C、因素 B 和因素 E，烟气湿度的主要影响因素为因素 C 和因素 B。由此可知，喷淋处理后烟气状态的主要影响因素综合为因素 C、因素 B 和因素 E。这三个因素中只有因素 C(喷淋液温度)和因素 B(入塔烟气温度)相同，其水平分别为 55 ℃和 130 ℃，而因素 E(喷淋液 L/G)不同，且数值差别较大，L/G 较高对出口烟气湿度影响较大，而 L/G 较低对出口烟气温度影响较大。

5.3.2 下段单因素试验与结果分析

5.3.2.1 单因素试验方案的确定

为了更深入研究正交试验得出的 3 个主要因素对烟气状态的影响规律，在下段循环热湿正交试验基础上，设置了单因素试验，即分别考察单个运行参数的变化对下段循环热湿状态的影响。考虑到实际工业应用中，烟气含湿量在 3%～5% (kg/kg)之间，在含有气-气热交换器(GGH)的 FGD 系统中，通过 GGH 将温度为 130～140 ℃的入塔烟气降温至 80～90 ℃，因此设置 GGH 和不设置 GGH 时对应的入塔温度一般为 80 ℃左右和 130 ℃左右；根据入塔烟气状态，通过湿焓图计算得到饱和烟气温度为 40～50 ℃之间。

根据试验结果可知，当喷淋液 L/G 小于 10 L/m^3 时候，反应器内液滴、液膜的生成不明显，气液接触效果很差，不能客观反映所设计的双循环多级水幕反应器气液接触的热湿交换性能；而当喷淋液 L/G 为 13～18 L/m^3 时喷淋效果显著，液滴、液膜的生成达到设计状态，传质情况较好，脱硫率也较高，此时能客观反映所设计的反应器的气液热湿交换性能。同时，该脱硫反应器在空塔风速为 2～3 m/s 时，能够达到较高的处理效率。由此将工况 1（空塔风速 v=2 m/s，L/G=13 L/m^3，入塔烟气温度 T=80 ℃，入塔烟气湿度 H=3%，喷淋液温度 t=40 ℃）和工况 2（空塔风速 v=3 m/s，L/G=18 L/m^3，入塔烟气温度 T=130 ℃，入塔烟气湿度 H=5%，喷淋液温度 t=50 ℃）作为基础，改变某一参数及与之相对应的参数，维持其余参数不变，建立下段循环单因素试验，研究该参数的变化对下段循环热湿交换性能的影响。

5.3.2.2　入塔烟温对热湿状态的影响

入塔烟温对热湿状态的影响试验，除改变入塔烟温（T_1=80～130 ℃）外，其他试验条件如 5.3.2.1 所述工况 1 和工况 2 试验条件。入塔烟温的变化对出口烟气温度和烟气湿度的影响试验结果如图 5-3(a)和(b)所示。

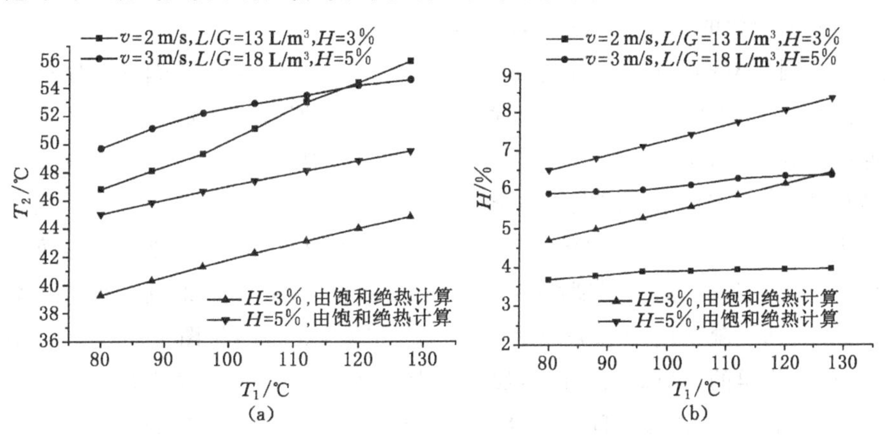

图 5-3　入塔烟温变化对出口烟气热湿状态的影响

从图 5-3(a)可以看出，气液接触后的出口烟气温度随入塔烟温的升高而增加。系统运行初期，工况 1 的出口起始温度为 46.8 ℃，低于工况 2 的出口起始温度 49.8 ℃。但在系统运行稳定后一段时间，气液热质传递达到平衡状态，工况 1 的出口最终温度为 55.9 ℃，高于工况 2 的出口最终温度54.6 ℃，表明在工况 1 条件下，入口烟气温度变化对出口烟气温度的影响大于对工况 2 的影响。

对入塔烟气温度（T_1）和出口烟气温度（T_2）的试验数据进行线性回归，得到如下的回归方程式：

工况 1：$$T_2 = 0.1924 \times T_1 + 31.15 \tag{5-6}$$

工况 2：$$T_2 = 0.0982 \times T_1 + 42.20 \tag{5-7}$$

式(5-6)、式(5-7)的回归相关性 R^2 分别为 0.986 和 0.996。

对由饱和绝热等温线计算得到的入塔烟气温度（T_1'）和出口烟气温度（T_2'）试验数据进行线性回归，得到如下回归方程式：

工况 1：$$T_2' = 0.1170 \times T_1' + 30.00 \tag{5-8}$$

工况 2：$$T_2' = 0.0933 \times T_1' + 37.64 \tag{5-9}$$

式(5-8)、式(5-9)的回归相关性 R^2 分别为 0.998 和 0.999。

从式(5-6)～式(5-9)可以看出，式(5-6)与式(5-8)、式(5-7)与式(5-9)的斜率相近，说明由试验所得的出口烟气温度增加趋势与理论计算基本一致；而两工况的试验结果与理论出现误差的主要原因，是因为烟气与喷淋液换热不充分导致的烟气温降有限，故出口温度偏高。

从图 5-3(b)可以看出，气液接触后的烟气湿度均随入塔烟气温度的升高而增加，平均增幅为 8%左右，明显小于理论计算值。工况 1 在入塔烟气温度由 80 ℃增至 95 ℃时的情况下，烟气湿度增加了 5.72%，当烟气温度再增加至 130 ℃时，烟气湿度基本维持在 3.97%左右不变；而工况 2 在入塔烟温由 80 ℃增加至 95 ℃时的情况下，烟气湿度增加了 2.65%，当烟气温度再增加至 112 ℃时，烟气湿度增加了 7.24%，增幅较为明显；继续增加入口烟气温度，烟气湿度增加趋势减缓，维持在 6.37%左右。从图 5-2(b)还可看出，试验所得的出口烟气湿度增加值比理论计算值偏小，其主要原因可能还是由于烟气与喷淋液之间的混合和接触未达到理想状态，导致换热不充分，喷淋液所吸收的热量仅能够使自身温度升高和小部分水分的蒸发，而不足以蒸发更多的喷淋液，从而导致出口湿度增幅偏低。

对入塔烟气温度（T_1）和出口烟气湿度（H）的试验数据进行线性回归，得到如下回归方程式：

工况 1：　　$H=0.0436\times T_1+3.70$　　(5-10)

工况 2：　　$H=0.0898\times T_1+5.78$　　(5-11)

式(5-10)、式(5-11)的回归相关性 R^2 分别为 0.921 和 0.961。

对由饱和绝热等温线计算得到的入塔烟气温度(T'_1)和出口烟气湿度(H')试验数据进行线性回归，得到如下回归方程式：

工况 1：　　$H'=0.2911\times T'_1+4.40$　　(5-12)

工况 2：　　$H'=0.3087\times T'_1+6.19$　　(5-13)

式(5-12)、式(5-13)的回归相关性 R^2 分别为 0.999 和 0.999。

试验结果表明，出口烟气温度和湿度均随入塔烟气温度的升高而升高，当入塔烟气温度升高到一定程度后，出口烟气湿度基本不变。由薄膜理论[84]分析可知，当热空气与液体接触时，由于液体表面或液滴表面的水分子均呈无规则运动，在贴近液体或液滴表面处存在一个温度等于液体表面温度的饱和空气边界层，此边界层对应的水蒸气分压与液体或液滴表面温度有关。空气与液体或液滴之间的热湿交换能力大小，与主体空气和边界层内饱和空气间的温度差、水蒸气分压差有关[85]。烟气入口温度提高，使得气液温差加大，热交换动力增强，热质传递更加剧烈，喷淋液温度及出口烟气的温度、湿度和热焓值也得以升高。随着烟气湿度的不断增加，湿交换推动力逐渐减小，湿度增速逐渐变缓。当烟气含湿量增至一定程度时，烟气即达到饱和，烟气湿度保持不变。高温烟气与低温喷淋液相接触，温差越大，高温烟气使部分喷淋液汽化程度加大，烟气相对湿度增大越显著，因此工况 2 的烟气湿度增加量大于工况 1 的烟气湿度增加量。

考虑到烟气温度对脱硫性能的影响，进入脱硫反应器的烟气温度越低，越利于 SO_2 溶于液体，传质效果越好，脱硫效率越高。通过升高烟气温度来提高气液温差，能够强化气液两相间的热质传递，但往往受到脱硫效率所需最佳温度范围的限制。

5.3.2.3 喷淋液温度对热湿状态的影响

喷淋液温度对热湿状态的影响试验，除喷淋液温度变化($t=30\sim55$ ℃)外，其余参数均如 5.3.2.1 所述，出口烟气温度和湿度随喷淋液温度变化的试验结果分别如图 5-4(a)和(b)所示。

从图 5-4(a)可以看出，气液接触后的出口烟温随喷淋液温度的升高而增加，且线性关系良好。工况 1 的出口烟温增幅为 31.19%，小于工况 2 的

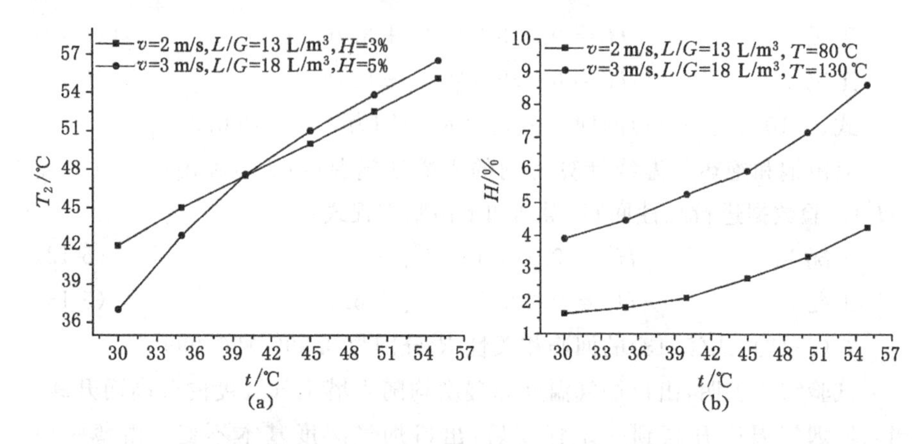

图 5-4 喷淋液温度对热湿状态的影响

出口烟温增幅 44.87%。工况 1 的起始温度为 42.0 ℃,大于工况 2 的起始温度 39.0 ℃,而当喷淋液温度为 55 ℃时,工况 1 的出口最终温度为 55.1 ℃,小于工况 2 的出口最终温度 56.5 ℃。

从图 5-4(b)可看出,气液接触后的出口烟气湿度随喷淋液温度的升高而增加,且喷淋液温度越高,增加趋势越明显。当喷淋液温度为 30 ℃时,工况 1 的出口烟气湿度为 3.63%,小于工况 2 出口烟气湿度 5.91%;当喷淋液温度为 55 ℃时,工况 1 的出口烟气湿度为 4.27%,工况 2 的出口烟气湿度为 8.33%;工况 2 的湿度增加了 44.87%,大于工况 1 的湿度增幅 31.19%。

试验结果表明,喷淋液温度对塔内湿度有重要影响,喷淋液温度的变化,一方面影响烟气与喷淋液的温度差,另一方面影响喷淋液的蒸发量。增加喷淋液温度能明显提高塔内水汽含量。在其他条件保持不变时,喷淋液温度越高,出口烟气含湿量越高。其原因主要是烟气与喷淋液直接接触时,液体表面形成的饱和空气边界层与主体空气之间通过分子扩散与湍流扩散进行不断混合,致使主体烟气状态发生变化。随着喷淋液温度的不断升高,液滴所吸收的蒸发潜热也不断增多,水分持续从其表面蒸发,导致烟气湿度也随之增加。喷淋液温度升高的同时,气液间的温差减小,传热推动力和传热速率逐渐减弱,热交换能力降低,从而使烟气对水滴的传热量逐渐减少,出口烟气温度增加。

5.3.2.4 L/G 对热湿状态的影响

由于实际工况中,燃煤煤质和锅炉状态变化较稳定,所以入口烟气状态

（流量、干球温度和湿度）的变化也不大，脱硫反应器的整体保温性能良好、喷淋液的质量和比热容都很大，使得喷淋液温度的变化也可忽略，因此影响脱硫反应器热湿交换的主要因素是喷淋液 L/G。

（1）L/G 对热湿状态的影响

L/G 对热湿状态的影响试验，除喷淋液 L/G 改变（L/G＝8～22 L/m³）外，其余参数均如 5.3.2 所述，出口烟气温度和湿度随喷淋液 L/G 变化的试验结果分别如图 5-5(a)和(b)所示。

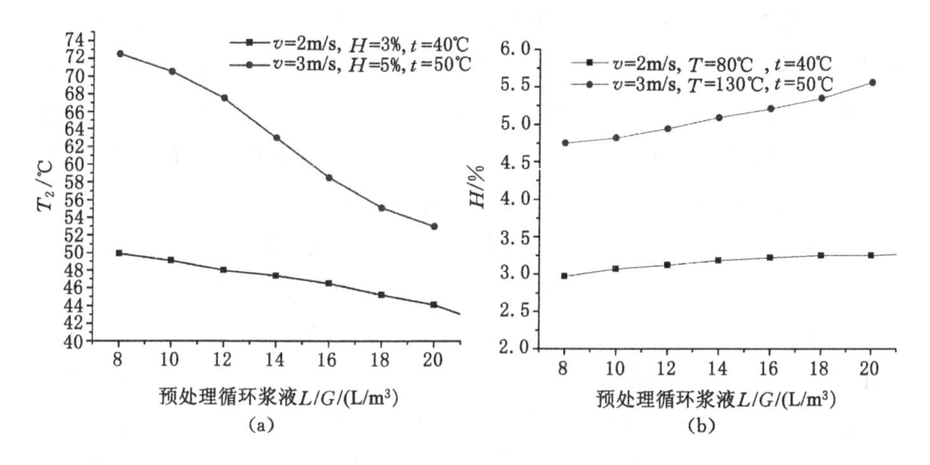

图 5-5 喷淋液 L/G 对热湿状态的影响

从图 5-5(a)可看出，气液接触后的出口烟温随喷淋液 L/G 的升高而降低。工况 1 基本呈线性下降趋势，当液气比 L/G 从 8 L/m³ 增至 20 L/m³ 时，出口烟温降低了 8.9 ℃，降幅为 21.7％；工况 2 也呈现线性降低趋势，当 L/G 从 8 L/m³ 增加到 20 L/m³ 时，出口烟温降低了 19.5 ℃，降幅为 36.8％。

从图 5-5(b)可看出，气液接触后的出口烟气湿度随喷淋液 L/G 的升高呈现先升高后基本保持不变的趋势。当 L/G 在较低的范围（L/G＝8～16 L/m³）内增加时，工况 1 条件下的出口烟气湿度增加了 0.25％，增幅为 8.37％，增幅较大；而当 L/G 在较高范围（L/G＝16～24 L/m³）内增加时，出口烟气湿度仅增加了 0.06％，增幅仅为 1.93％。工况 2 的出口烟气湿度增长趋势与工况 1 类似，出口烟气湿度由 4.75％（L/G＝8 L/m³）增加至 5.35％（L/G＝18 L/m³），增幅为 12.6％，当 L/G 由 18 L/m³ 增至 20 L/m³

时，出口烟气湿度基本保持不变，此时烟气饱和度为 95.31%，为不饱和状态。

试验结果表明，在烟气流量一定的前提下，当喷淋液 L/G 增大时，喷淋液提供的有效接触面积相应增加，传热速率增加，热交换更加充分，不仅使烟温随之降低，还促进了喷淋液的蒸发，烟气含湿量亦随之增加；反之，当 L/G 减小时，出口烟温升高、含湿量变小。在入口烟气状态一定的情况下，通过增加喷淋液 L/G 提高热交换程度，可以逐步提高出口烟气饱和度，降低出口烟温。当 L/G 增加至一定程度时，热湿交换已非常充分，液相表面饱和气膜层与烟气主体的含湿量相等，湿交换推动力最终降低至零，出口烟气达到饱和状态，烟气湿度、温度变化至某一特定数值。此时，进一步提高喷淋液 L/G，出口烟温下降程度非常有限，反而增加了脱硫反应塔的运行动力费用。

(2) 不同 L/G 条件的烟气状态随时间的变化

不同 L/G 条件的烟气状态随时间的变化试验目的，是在不同喷淋液 L/G 对烟气状态影响试验基础上，研究两种工况条件下，不同喷淋液 L/G 时的出口烟气温度、湿度和喷淋液温度随时间的变化情况，考察两种不同工况条件下，反应器达到热质平衡所需要的时间。喷淋液 L/G 选择具有代表性的高、中、低三个数值，即 $L/G=10\ L/m^3$、$15\ L/m^3$ 和 $20\ L/m^3$，工况 1 和工况 2 的其他试验条件保持不变，不同 L/G 条件的出口烟气温度、喷淋液温度和出口烟气湿度随时间的变化关系如图 5-6(a)、(b)和(c)所示。

由图 5-6(a)可知，喷淋液 L/G 越低，出口烟温升高越快，且达到平衡时的温度也越高。在工况 1 的条件下，当喷淋液 $L/G=10\ L/m^3$ 时，约 40 min 出口烟温已升高至 50 ℃，并在 60 min 以后基本保持恒温，而此时喷淋液 $L/G=15\ L/m^3$ 和 $L/G=20\ L/m^3$ 下的出口烟温分别达到 45 ℃和 42 ℃，并开始维持恒温。工况 2 的情况与工况 1 类似，在 $L/G=10\ L/m^3$、$15\ L/m^3$ 和 $20\ L/m^3$ 的条件下，出口烟温在 70 min 左右分别达到了 66.5 ℃、56.5 ℃和 51 ℃，并基本维持稳定。这是因为喷淋液 L/G 的升高，塔内持液量随之增加，气液接触面积变大，气液接触时间增加，热质传递效果增强，液体可以从烟气中吸收更多的热量，导致出口烟温的降低。因此，喷淋 L/G 的大小对烟气出口温度起关键作用。

由图 5-6(b)可知，在不同的喷淋 L/G 条件下，两个工况的喷淋液温度均随反应时间的延长而升高，当 L/G 降低时，喷淋液的最终温度有所升高。三

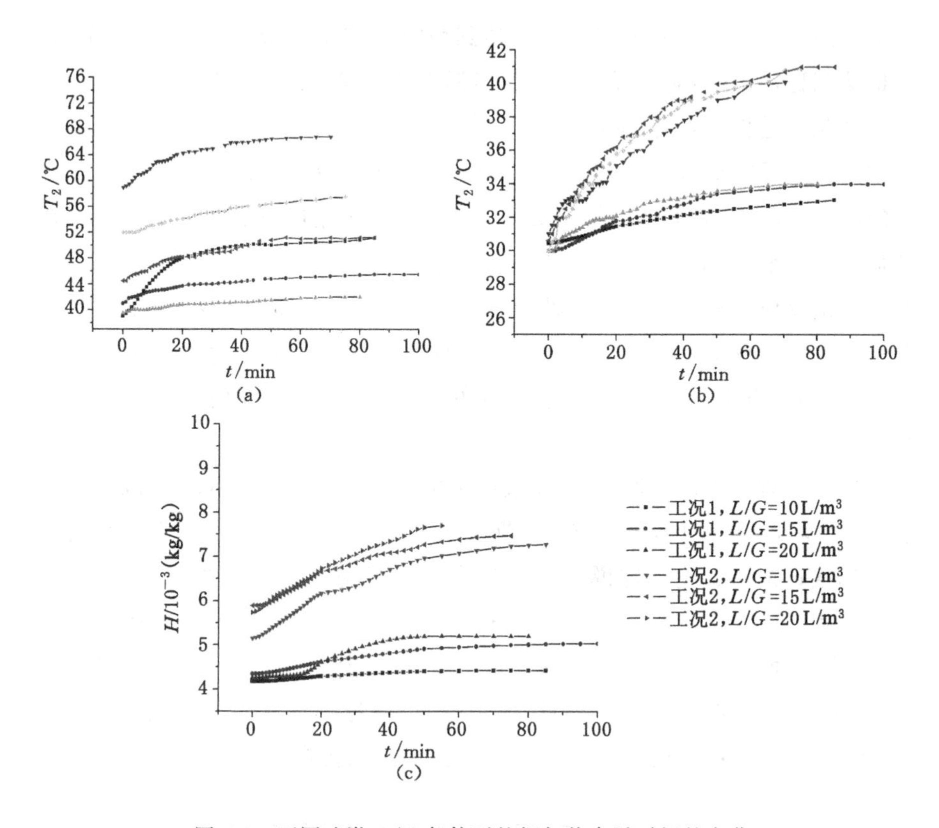

图 5-6　不同喷淋 L/G 条件下的烟气状态随时间的变化

种 L/G 条件下（L/G=10 L/m^3、15 L/m^3 和 20 L/m^3）的喷淋液温度在工况 1 下，约 70 min 时已基本保持稳定，喷淋液温度分别为 33 ℃、33.8 ℃和 34 ℃，温度相差不大。在工况 2 的情况下，约 60 min 时已基本保持稳定，喷淋液温度分别为 40 ℃、40 ℃和 41 ℃，温度相差也很小，且升温过程较为类似。所以，在两个工况和不同喷淋液 L/G 的情况下，喷淋液温度的升温速率和相同时刻的温度均相近。其原因主要是喷淋液蒸发所需要的相变潜热由烟气向喷淋液的传热量提供，导致气相的温度迅速降低，而喷淋液的温度变化却很小。因此，L/G 的大小对喷淋液温度的影响不显著。

由图 5-6(c)可知，在相同工况不同喷淋液 L/G 条件下，L/G 越低出口烟气湿度越高，且出口烟气湿度随热湿交换时间的增加而增加，当湿度增加至一定程度后保持某一特定数值。3 种喷淋液 L/G 的出口烟气湿度，在工况 1 条件下，当 $t=60$ min 时已基本达到稳定；在工况 2 条件下，当 $t=70$ min 时也达到稳定，这一时间段与烟气出口温度达到稳定的时间基本相同。

就脱硫过程而言，高喷淋液 L/G 有利于降低烟温，使进入脱硫反应器上段循环的烟温降低，最终影响上段循环喷淋液对 SO_2 的吸收，有利于上段循环的脱硫反应；在高循环喷淋液 L/G 条件下，下段循环喷淋液的温度与其在低循环喷淋液 L/G 时相比，温差在 1 ℃范围以内，所以对下循环的 SO_2 吸收及其脱硫反应不构成影响。由此可以认为，下段循环喷淋液采用高 L/G 有利于整体脱硫反应的进行。另外，出口烟温和喷淋液温度达到稳定的时间不一样，当入塔烟温波动，喷淋液温度的变化滞后，有利于脱硫过程温度的稳定。

通过比较在不同工况和 L/G 条件下的最终烟温、湿度和喷淋液温度(如表 5-3 所示)可以发现，L/G 越大，烟温越接近饱和温度，相应的烟气相对湿度也越接近饱和湿度。这说明在热损失不可避免的脱硫塔内，进行的是非绝热过程，且 L/G 的大小决定了喷淋液与烟气的接触，具体体现在实际烟温、湿度与理论饱和温度、湿度的差值上。而喷淋液温度与其理论计算的差值，一部分体现在反应过程中的热损失，即反应过程是在非绝热状态下进行的，另一方面体现在气液接触非最佳状态，即热质传递不充分。

表 5-3　各工况下烟气状态与喷淋液温度

工况	L/G/(L/m^3)	T/℃	t/℃	H/%
工况 1	10	51.1	33.1	3.87
	15	45.9	34	4.18
	20	42.0	34.8	4.24
	理论计算	39.3		4.70
工况 2	10	66.8	40.1	6.86
	15	57.5	40.9	6.99
	20	51.2	41.0	7.17
	理论计算	49.7		8.44

由表 5-3 还可发现，高 L/G 喷淋液的烟温与理论温度的差值，在工况 2 条件下为 1.5 ℃，小于工况 1 条件下的 2.7 ℃。其主要原因可作如下解释：

工况 2 的空塔风速($v=3$ m/s)大于工况 1($v=2$ m/s),在相同的 L/G 条件,较大的空塔风速不仅使塔内持液量增大,还使得液体表面更新加快,液膜厚度降低。通过式(5-14)[136-137]可知,液膜厚度 δ_w 降低,液侧传热系数 α_w 必然增加,实际烟温与理论饱和温度相接近,其温差减小。

$$\frac{\delta_w \cdot \alpha_w}{\lambda_w} = 1 \tag{5-14}$$

式中,δ_w 为液膜厚度,m;λ_w 为水的导热率,$W \cdot m^{-1} \cdot K^{-1}$。

但在实际烟气脱硫运行过程中,L/G 与空塔风速的选取受多种因素(脱硫效率、能量损耗、除雾器性能等)的影响,不能兼顾,需统筹考虑。

5.4 上段单因素试验结果与分析

5.4.1 单因素试验方案的确定

在脱硫反应器内高温烟气与低温喷淋液相接触,高温烟气使部分喷淋液汽化,烟温降低的同时,烟气相对湿度也增大,水汽达到饱和状态,经过气液接触后的烟气含湿量均可根据入塔烟温和湿度计算得到[138-139]。然而由上述试验结果可知,当操作条件处于不同工况,尤其是当 L/G 不同时,进入上段循环的烟温和湿度亦不同(如表 5-3 所示)。因此需要建立一个关于烟气状态与运行参数之间的函数关系,以确定进入上段循环的烟温与湿度,以全面考察脱硫反应器上段循环出口烟气的最终气体状态。

综合分析各种运行参数对烟气状态的影响,应用高等数学手段,建立含有入塔烟温、湿度和喷淋液 L/G 等变量的气体状态的综合评价模型,即

$$(T_{out}, T_{out}) = f(H_{in}, H_{in}, L/G)$$

建立烟气状态的综合评价模型是一个数学优化过程,即在一定约束条件下对一个或多个目标函数进行最小化。考虑到本试验的输入变量与输出变量之间有许多相关联的过程,且为非单纯的对应关系,应该采用非线性规划对其进行优化。

非线性规划是指目标函数或约束函数(或两者)为设计变量的非线性函数的一种优化方法。Matlab 7.0 优化工具箱(optimization toolbox)由一些对普通非线性函数求解最小或最大极值的函数和解决诸如线性规划等标准矩阵问题的函数组成,可很好地对参数或函数进行优化,解决非线性规划问

题。应用 Matlab 优化工具箱中的 lsqnonlin 函数可求解非线性最小二乘问题,也可用于曲线拟合优化[140]。

lsqnonlin 函数的标准形式为 $\min\limits_{x} \frac{1}{2}\| F(x) \|_2^2 = \frac{1}{2}\sum\limits_{i} f_i^2(x)$,其调用方法为:

[x,resnorm,residual]=lsqnonlin(fum,x0,lb,ub,options,…)

其中:fun 为求解目标函数的函数文件名;

x0 为初始解向量;

lb,ub 为 x 的下界和上界;若 x 没有界,则 lb=[ ],ub=[ ];

options 为指定优化参数;

resnorm=sum(fun(x).^2),即解 x 处目标函数值;

residual=fun(x),即解 x 处 fun 的值。

由 5.3.2 的试验数据作为基础,比较各种拟合公式,应用 lsqnonlin 函数,计算得到:

$$\begin{cases} T_{out} = 9.8337 \times \exp(0.8696 T_{in}^{0.2285} H_{in}^{0.0596} LG^{-0.1867}) \\ H_{out} = 3.8767 \times \exp(T_{in}^{0.2666} H_{in}^{0.6871} LG^{-0.1757}) \end{cases} \tag{5-15}$$

随机抽取已做 74 组试验数据中的 30 组,对式(5-15)的准确性进行验证,由式(5-15)计算得到的出口烟温及湿度值与试验数据误差均在 3 ℃和 0.8%范围内,说明所选取的拟合公式可信度高,可以使用该拟合公式进行后续计算。分析式(5-15)可知,该公式为三元二次方程组,为了便于求解该方程组,将下段入塔烟气湿度设置为 3%,即将 $H_{in}=3$ 代入式(5-15)解得:

$$\begin{cases} T_{in} = \exp(34.2663 - 18.2512\ln(\ln T_{out}) - 19.393\ln(\ln H_{out})) \\ LG = \exp(45.9686 - 27.6936\ln(\ln T_{out}) - 23.7359\ln(\ln H_{out})) \end{cases} \tag{5-16}$$

根据式(5-16)的计算结果,便可设置脱硫反应器上段循环的单因素试验。

以工况 1(空塔风速 v=2 m/s,L/G=13 L/m³,进入上段循环烟温 T=40 ℃,进入上段循环烟气湿度 H=3%,喷淋液温度 t=40 ℃)和工况 2(空塔风速 v=3 m/s,L/G=18 L/m³,进入上段循环烟温 T=50 ℃,进入上段循环烟气湿度 H=5%,喷淋液温度 t=50 ℃)为基础,然后改变某一参数及与之相对应的参量,维持其余参数不变,进行热湿交换试验,研究某一运行参数对脱硫反应器上段循环热湿交换的影响。脱硫反应器上段循环热湿交换试验，是在下段循环也同时运行的情况下进行的，此时可通过全塔的整体运行，更客观地考察出口烟气状态。

5.4.2　入塔烟温对热湿状态的影响

基础试验条件：以工况 1（空塔风速 v=2 m/s，L/G=13 L/m³，进入上段循环烟气湿度 H=3%，喷淋液温度 t=40 ℃）和工况 2（空塔风速 v=3 m/s，L/G=18 L/m³，进入上段循环烟气湿度 H=5%，喷淋液温度 t=50 ℃）为基础，改变进入上段循环的烟温（30～55 ℃），入塔烟温对出口烟气温度和湿度的影响试验结果分别如图 5-7(a)和(b)所示。

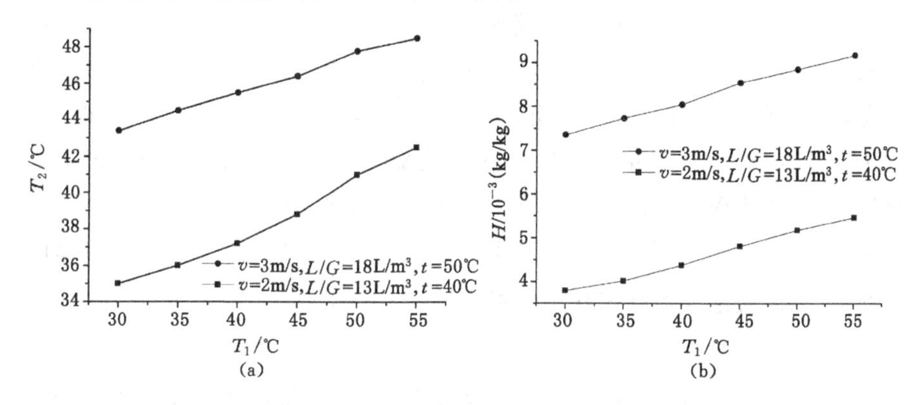

图 5-7　入塔烟温对热湿状态的影响

从图 5-7(a)可看出，气液接触后的出口烟温随进入上段循环的烟温的升高而增加。当进口烟温从 30 ℃升高至 55 ℃时，工况 1 的出口烟温由 35 ℃升高至 42.5 ℃，增加了 7.5 ℃；工况 2 的出口烟温由 43.4 ℃升高至 48.5 ℃，增加了 5.1 ℃。试验测试所得出口烟温比对应状态的饱和温度偏高 5.2 ℃。

对进入上段循环的烟温（T_1）-出口烟温（T_2）的试验数据进行线性回归，得到如下的回归方程式：

工况 1（T_2-T_1）：　$T_2=0.309\times T_1+25.28$　(5-17)

工况 2（T_2-T_1）：　$T_2=0.207\times T_1+37.20$　(5-18)

回归相关性系数 R^2 分别为 0.984 和 0.996，线性关系均较好。

从图 5-7(b)还可看出，气液接触后的出口烟气湿度均随进入上段循环的烟温的升高而增加。当进口烟温从30 ℃升高至55 ℃时，工况1的出口烟气湿度由3.80%升高至5.47%；而工况2的出口烟气湿度由6.24%升高至8.0%。试验测试得出的出口烟气湿度比通过湿焓图饱和等温线计算出的烟气湿度平均偏低0.3%。

对进入上段循环的烟温(T_1)-出口烟气湿度(H)的试验数据进行线性回归，得到如下的回归方程式：

工况1(H-T_1)：　$T_2=0.070\times T_1+1.63$　(5-19)

工况2(H-T_1)：　$T_2=0.074\times T_1+3.96$　(5-20)

回归相关性系数R^2分别为0.994和0.994，线性关系均较好。

试验结果表明，由于烟气与喷淋液在塔体上段循环的接触过程未达到理想状态，接触过程亦非等温绝热过程，气液接触后的出口烟气未达到饱和状态，烟气湿度低于饱和湿度；由式(5-21)可知，当吸收的焓值I一定时，湿度H降低，温度t必然增加，因此试验测得温度均大于理论计算值。试验结果还表明，在该塔上段循环的热质交换过程中，水汽仍为非饱和状态。

$$I=(1.01+1.88H)t+2\,490H \tag{5-21}$$

5.4.3 喷淋液温度对热湿状态的影响

试验除喷淋液温度变化外，其他条件不变：以工况1(空塔风速$v=2$ m/s，$L/G=13$ L/m^3，进入上段循环烟温$T=40$ ℃、湿度$H=3\%$)和工况2(空塔风速$v=3$ m/s，$L/G=18$ L/m^3，进入上段循环烟温$T=50$ ℃、湿度$H=5\%$)为基础，改变上段循环喷淋液温度($t=30\sim55$ ℃)，喷淋液温度对出口烟气温度和湿度的影响试验结果分别如图5-8(a)和(b)所示。

从图5-8(a)可以看出，气液接触后的出口烟温随喷淋液温度的升高而增加，且线性关系较好。当喷淋液温度由30 ℃升高至55 ℃时，工况1和工况2的出口烟温分别增加了21.2 ℃和22.5 ℃。

从图5-8(b)可看出，气液接触后的出口烟气湿度随喷淋液温度的升高而增加。当喷淋液温度由30 ℃升高至55 ℃时，工况1和工况2的出口烟气湿度分别增加了2.53%和3.91%。

试验结果表明，在气液热质传递过程中，喷淋液温度变化对出口烟气状态的影响大于烟气本身的影响；上段喷淋液对烟温、湿度的影响程度要大于下段喷淋液的影响。

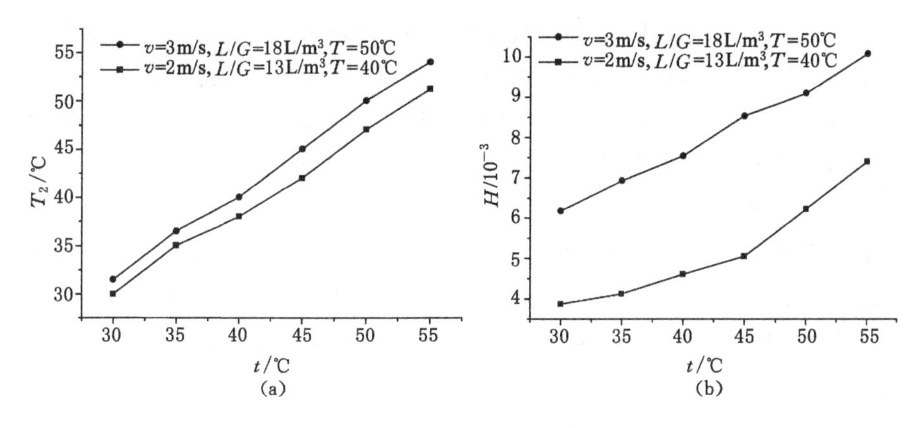

图 5-8 喷淋液温度对热湿状态的影响

5.4.4 *L/G* 对热湿状态的影响

试验除喷淋液 L/G 变化外，其他条件不变。以工况 1(空塔风速 $v=2$ m/s，下段 $L/G=13$ L/m³，进入上段循环烟温 $T=40$ ℃，湿度 $H=3\%$，喷淋液温度 $t=40$ ℃)和工况 2(空塔风速 $v=3$ m/s，下段 $L/G=18$ L/m³，进入上段循环烟温 $T=50$ ℃、湿度 $H=5\%$，喷淋液温度 $t=50$ ℃)作为基础，改变上段循环喷淋液 L/G($L/G=8\sim24$ L/m³)，喷淋液 L/G 对出口烟气温度和湿度的影响试验结果分别如图 5-9(a)和(b)所示。

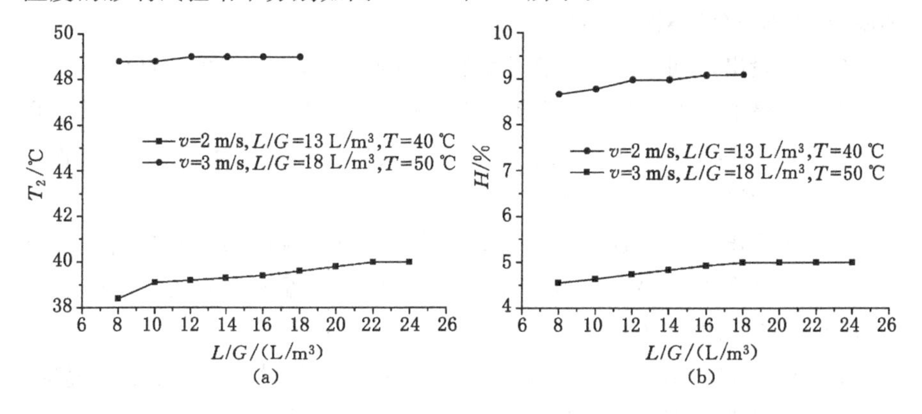

图 5-9 喷淋液 L/G 对热湿状态的影响

由图 5-9(a)可看出，当 L/G 从 8 L/m³ 增加至 22 L/m³ 时，工况 1 条件下的出口烟温由 39.1 ℃升高至 40 ℃，增加近 1 ℃；继续增加 L/G 出口烟温变化不大。工况 2 条件下,当 L/G 从 8 L/m³ 增加至 12 L/m³ 时出口烟温则由 48.8 ℃升高至 49.0 ℃;继续增加 L/G,出口烟温基本保持不变。

由图 5-9(b)可看出,工况 1 的出口烟气湿度由 L/G 为 8 L/m³ 时的 4.55%增加至 L/G 为 18 L/m³ 的 4.99%;当 L/G 继续增加时,烟气湿度保持不变。工况 2 的出口烟气湿度变化情况与工况 1 相似,当 L/G 为 8 L/m³ 增加至 L/G 为 16 L/m³ 时,烟气湿度由 8.66%升高至 9.08%;当 L/G 继续增加时,烟气湿度保持不变。值得注意的是,在工况 2 试验过程中,当 L/G =16 L/m³ 时,脱硫反应器顶部除雾器的负荷过大,除雾效果变差,排出的烟气带水严重。

通过试验可知,所设计的双循环多级水幕反应器脱硫过程中,上段循环采用较低的喷淋液 L/G,一方面可减少烟气向喷淋液传递的热量,使喷淋液处于较低的温度水平,有利于对 SO_2 的吸收;另一方面可降低除雾器的负荷,减轻烟气带水现象。

5.5 本章小结

(1) 设计 5 因素 5 水平 2 指标的正交试验,试验结果采用极差分析法分析,得出影响烟气状态的主要影响因素为因素 C(喷淋液温度)、因素 B(入塔烟温)和因素 E(喷淋液 L/G)。

(2) 下段出口烟温随喷淋液温度的升高而增加,且线性关系良好。工况 1 的烟温增幅小于工况 2。烟气湿度随喷淋液温度的升高而增加,当喷淋液温度为 30 ℃时,工况 1 的湿度小于工况 2;当喷淋液温度为 55 ℃时,工况 1 的湿度为 4.27%,工况 2 的湿度为 8.33%。

(3) 下段出口烟温随 L/G 的升高而降低。烟气湿度随 L/G 的升高呈现先升高后基本保持不变的趋势。L/G 越低,出口烟温升高越快。L/G 的大小对烟气出口温度起关键作用。

(4) 应用 Matlab 优化工具箱中的 lsqnonlin 函数对下段建立数学模型,并将下段入塔烟气湿度设置为 3%,得到下段热湿交换数学模型:

$$\begin{cases} T_{in}=\exp[34.2663-18.2512\ln(\ln T_{out})-19.393\ln(\ln H_{out})] \\ LG=\exp[45.9686-27.6936\ln(\ln T_{out})-23.7359\ln(\ln H_{out})] \end{cases}$$

利用所建立的反应器下段热湿数学模型,可根据进口烟气条件预测进入上段的烟气状态，指导反应器上段运行参数的设置和调整。

(5) 反应器上段出口烟温随进入上段循环的烟温的升高而增加。出口烟气湿度均随进入上段循环的烟温的升高而增加。出口烟温和湿度均随喷淋液温度的升高而增加。喷淋液温度变化对出口烟气状态的影响大于烟气本身的影响；上段喷淋液对烟温、湿度的影响程度要大于下段喷淋液的影响。上段循环采用较低 L/G，既可减少烟气向喷淋液传递的热量，使喷淋液处于较低温度水平，有利于对 SO_2 的吸收；又可降低除雾器的负荷，减轻烟气带水现象。

6 热态烟气脱硫性能及数学模型

本章利用热态烟气脱硫性能试验结果，建立热态条件下的双循环多级水幕反应器数学模型，掌握脱硫效率与烟气条件和运行参数之间的内在规律，以指导反应器的实际应用和运行。

6.1 热态烟气脱硫试验内容

热态烟气脱硫试验采用正交试验设计，分别运用多因素多水平正交试验和综合平衡法进行分析。通过正交试验，掌握正交因素和水平与脱硫效率之间的关系，以及正交因子对脱硫效率的综合影响，确定以不同指标为依据得出的脱硫反应器优化试验方案，并通过综合平衡法分析得出双循环多级水幕反应器的最佳运行方案。通过单因素脱硫性能试验，探讨单个参数的变化对脱硫性能的影响，掌握所设计的新型脱硫反应器在工况条件下的运行性能。

6.2 热态烟气脱硫正交试验与结果分析

6.2.1 热态烟气脱硫正交试验设计

选取空塔风速(A)、入塔烟温(B)、预处理循环浆液 pH 值(C)、吸收循环浆液 pH 值(D)、预处理循环 L/G(E)、吸收循环 L/G(F) 6 个因素，每个因素取 5 个水平，进行热态烟气脱硫正交试验设计。正交试验方案如表 6-1 所示。

表 6-1　正交试验因素及水平

水平	因素					
	空塔风速/(m/s)(A)	入塔烟气温度/℃(B)	预处理循环浆液 pH 值(C)	吸收循环浆液 pH 值(D)	预处理循环 L/G/(L/m³)(E)	吸收循环 L/G/(L/m³)(F)
1	2.0	80±1	4.0～4.1	4.4～4.6	8	8
2	2.5	93±1	4.4～4.6	4.9～5.1	11	11
3	3.0	105±1	4.9～5.1	5.4～5.6	13	13
4	3.5	118±1	5.4～5.6	5.9～6.1	15	15
5	4.0	130±1	5.9～6.1	6.4～6.6	18	18

6.2.2　正交试验结果与分析

热态脱硫正交试验以脱硫效率和石灰石利用率为评价指标，在入塔 SO_2 浓度维持在 2 000 mg/m³ 情况下，通过正交试验，以获得双循环多级水幕反应器热态烟气脱硫优化试验方案，试验结果采用极差分析法进行分析，试验和结果分析如表 6-2 所示。

由表 6-2 可看出，对于脱硫效率指标，A、B、C、D、E、F 6 个因素计算出的极差分别为 7.802、7.198、2.056、9.870、11.598 和 6.932。第 5 列因素 E(预处理循环 L/G)的极差 11.598 最大，说明因素 E 的水平改变对脱硫效率指标影响最大，因此因素 E 为主要因素；其 5 个水平对应的脱硫效率平均值分别为 76.19、78.12、83.43、86.13 和 87.79，可以看出第 5 水平所对应的数值 87.79 最大，所以取第 5 水平为最好水平。第 4 列因素 D(吸收循环浆液 pH 值)的极差为 9.870，仅次于因素 E，为次要因素，其 5 水平对应的指标均值分别为 76.76、78.89、84.62、85.89 和 86.43，以第 5 水平对应的数值86.43 最大，所以取第 5 水平为最好水平。依此方法进行类推分析，A(空塔风速)、B(入塔烟气温度)、C(预处理循环浆液 pH 值)、F(吸收循环 L/G)对应的最好水平分别为第 3、1、3、4 水平。由此可得出结论，对于脱硫效率指标，优化试验方案为 $A_3B_1C_3D_5E_5F_4$，即空塔风速(A)＝3.0 m/s、入塔烟气温度(B)＝80 ℃、预处理循环浆液 pH 值(C)＝4.9～5.1、吸收循环浆液 pH 值(D)＝6.4～6.6、预处理循环 L/G(E)＝18 L/m³ 和吸收循环 L/G(F)＝15 L/m³。

表 6-2　正交试验及结果分析

项目		空塔风速/(m/s)(A)	入塔烟温/℃(B)	预处理循环浆液pH值(C)	吸收循环浆液pH值(D)	预处理循环 L/G /(L/m³)(E)	吸收循环 L/G /(L/m³)(F)	脱硫效率/%	石灰石利用率/%
指标	1	2.0	80	4.0～4.1	4.4～4.6	8	8	68.64	83.45
	2	2.0	93	4.4～4.6	4.9～5.1	11	11	78.58	73.24
	3	2.0	105	4.9～5.1	5.4～5.6	13	13	88.63	63.08
	4	2.0	118	5.4～5.6	5.9～6.1	15	15	91.63	60.42
	5	2.0	130	5.9～6.1	6.4～6.6	18	18	91.47	58.49
	6	2.5	80	4.4～4.6	5.4～5.6	15	18	92.75	66.19
	7	2.5	93	4.9～5.1	5.9～6.1	18	8	87.84	61.74
	8	2.5	105	5.4～5.6	6.4～6.6	8	11	85.75	58.82
	9	2.5	118	5.9～6.1	4.4～4.6	11	13	70.95	66.45
	10	2.5	130	4.0～4.1	4.9～5.1	13	15	75.02	88.11
	11	3.0	80	4.9～5.1	6.4～6.6	11	15	90.08	62.91
	12	3.0	93	5.4～5.6	4.4～4.6	13	18	83.54	72.09
	13	3.0	105	5.9～6.1	4.9～5.1	15	8	79.42	65.51
	14	3.0	118	4.0～4.1	5.4～5.6	18	11	94.80	82.48
	15	3.0	130	4.4～4.6	5.9～6.1	8	13	78.79	70.29
	16	3.5	80	5.4～5.6	4.9～5.1	18	13	86.49	64.18
	17	3.5	93	5.9～6.1	5.4～5.6	8	15	80.85	59.03
	18	3.5	105	4.0～4.1	5.9～6.1	11	18	80.50	76.76
	19	3.5	118	4.4～4.6	6.4～6.6	13	8	79.29	65.59
	20	3.5	130	4.9～5.1	4.4～4.6	15	13	81.29	83.53
	21	4.0	80	5.9～6.1	5.9～6.1	13	11	90.69	62.58
	22	4.0	93	4.0～4.1	6.4～6.6	15	13	85.54	72.25
	23	4.0	105	4.4～4.6	4.4～4.6	18	15	78.36	81.09
	24	4.0	118	4.9～5.1	4.9～5.1	8	18	66.94	73.53
	25	4.0	130	5.4～5.6	4.4～4.6	8	8	66.09	58.85
	k_1	83.79	85.73	80.90	76.56	76.19	76.26	各因素水平指标之和平均值	
	k_2	84.63	83.27	81.55	78.89	78.12	81.65		
	k_3	85.33	82.53	82.96	84.62	83.43	81.95		
	k_4	81.68	80.72	82.70	85.89	86.13	83.19		

表 6-2(续)

项目		空塔风速/(m/s)(A)	入塔烟温/℃(B)	预处理循环浆液pH值(C)	吸收循环浆液pH值(D)	预处理循环 L/G/(L/m³)(E)	吸收循环 L/G/(L/m³)(F)	脱硫效率/%	石灰石利用率/%
指标	k_5	77.52	78.53	82.68	86.43	87.79	83.04		
	R	7.802	7.198	2.056	9.870	11.598	6.932	极差	
	方案 1	3	80	4.9～5.1	6.4～6.6	18	15		
	k'_1	57.74	57.86	70.61	67.32	59.02	57.03	各因素水平指标之和平均值	
	k'_2	58.26	57.67	61.28	62.91	57.64	59.28		
	k'_3	60.66	59.05	58.96	55.93	60.29	59.96		
	k'_4	59.82	59.69	52.87	55.36	59.58	60.31		
	k'_5	59.66	61.85	52.41	53.61	59.60	59.41		
	R'	2.920	4.184	18.198	13.710	2.648	3.284	极差	
	方案 2′	3	130	3.9～4.1	4.4～4.6	13	15		

注：k_i—因素 A、B、C、D、E、F 在第 i 个水平时的脱硫效率的平均值；k'_i—因素 A、B、C、D、E、F 在第 i 个水平时的石灰石利用率的平均值；R、R'—极差，k_i、k'_i 中最大值减去最小值。

对于石灰石利用率指标，A、B、C、D、E、F 6 个因素计算出的极差分别为 2.920、4.184、18.198、13.710、2.648 和 3.284。分析可知，第 3 列因素 C(预处理循环浆液 pH 值)的极差 18.198 最大，说明因素 C 的水平改变对石灰石利用率指标影响最大，因此因素 C 是主要因素。因素 C 的 5 个水平对应的指标均值分别为 70.61、61.28、58.96、52.87 和 52.41，以第 1 水平对应的数值 70.61 最大，所以取第 1 水平为最好水平。第 4 列因素 D(吸收循环浆液 pH 值)的极差为 13.710，仅次于因素 C，为次要因素，其 5 水平对应的指标均值分别为 67.32、62.91、55.93、55.36 和 53.61，以第 1 水平对应的数值 67.32 最大，所以取第 1 水平为最好水平。依次类推分析，A(空塔风速)、B(入塔烟气温度)、E(预处理循环 L/G)和 F(吸收循环 L/G)对应的最好水平分别为第 3、5、3、4 水平。由此可得出结论，对于石灰石利用率指标，优化试验方案为 $A_3B_5C_1D_1E_3F_4$，即空塔风速(A)＝3.0 m/s、入塔烟气温度(B)＝130 ℃、预处理循环浆液 pH 值(C)＝3.9～4.1、吸收循环浆液 pH 值(D)＝3.9～4.1、预处理循环 L/G(E)＝13 L/m³ 和吸收循环 L/G(F)＝15 L/m³。

6.2.3 综合平衡法结果分析

通过 $L_{25}5^6$ 的正交试验，分别以脱硫效率和石灰石利用率为指标，遴选出两个不同的优化试验方案，即 $A_3B_1C_3D_5E_5F_4$ 和 $A_3B_5C_1D_1E_3F_4$。比较这两个优化试验方案可发现，6 个因素中仅有因素 A、F 数值相同，其余因素的数值均不同。因此，仍采用多指标分析方法中的综合平衡法进行分析，寻找一个对两个指标均较好的共同方案，试验结果如图 6-1 所示。

6.2.3.1 空塔风速对指标的影响

从表 6-2 可看出，对于脱硫效率指标，空塔风速的极差较大，是主要因素；对于石灰石利用率指标，空塔风速的极差较小，即空塔风速是次要因素。从图 6-1(a)可看出，对于脱硫效率和石灰石利用率来说，其大小均随空塔风速提高而出现先升高后下降的变化趋势，在 3.0 m/s 处均达到最大值。综合考虑两个指标，选取空塔风速为 3.0 m/s。

6.2.3.2 入塔烟温对指标的影响

从表 6-2 可看出，对于脱硫效率指标，入塔烟温的极差较大，是主要因素；对于石灰石利用率指标，入塔烟温的极差较小，是次要因素。而从图 6-1(b)可看出，对于脱硫效率，其随入塔烟温的升高而降低，在 80 ℃处最高，在实验区间内下降了 8.40%；对于石灰石利用率，其随入塔烟温的升高而增大，在 130 ℃处最高，在实验区间内增大了 6.45%。综合考虑两个指标，选取入塔烟温为 95～105 ℃。这一温度与文献[64]中描述的最佳入塔烟气温度范围(90～100 ℃)相接近。

6.2.3.3 预处理循环浆液 pH 值对指标的影响

从表 6-2 可看出，对于脱硫效率指标，预处理循环浆液 pH 值的极差最小，是次要因素；对于石灰石利用率，其极差最大，是最主要因素。由图 6-1(c)可看出，对于脱硫效率指标，在预处理循环浆液 pH 值约为 5.0 处最好，在 6.0 处次之，在 5.5 左右处影响不大；对于石灰石利用率指标，其随吸收循环浆液 pH 值升高而降低，在 4.0 左右时最好，在 4.5 左右时次之。综合考虑两个指标，选取预处理循环浆液 pH 值为 4.4～4.6。

6.2.3.4 吸收循环浆液 pH 值对指标的影响

从表 6-2 可看出，对于脱硫效率指标，吸收循环浆液 pH 值的极差值仅次于预处理循环 L/G 的极差值，是主要因素；对于石灰石利用率指标，吸收循环

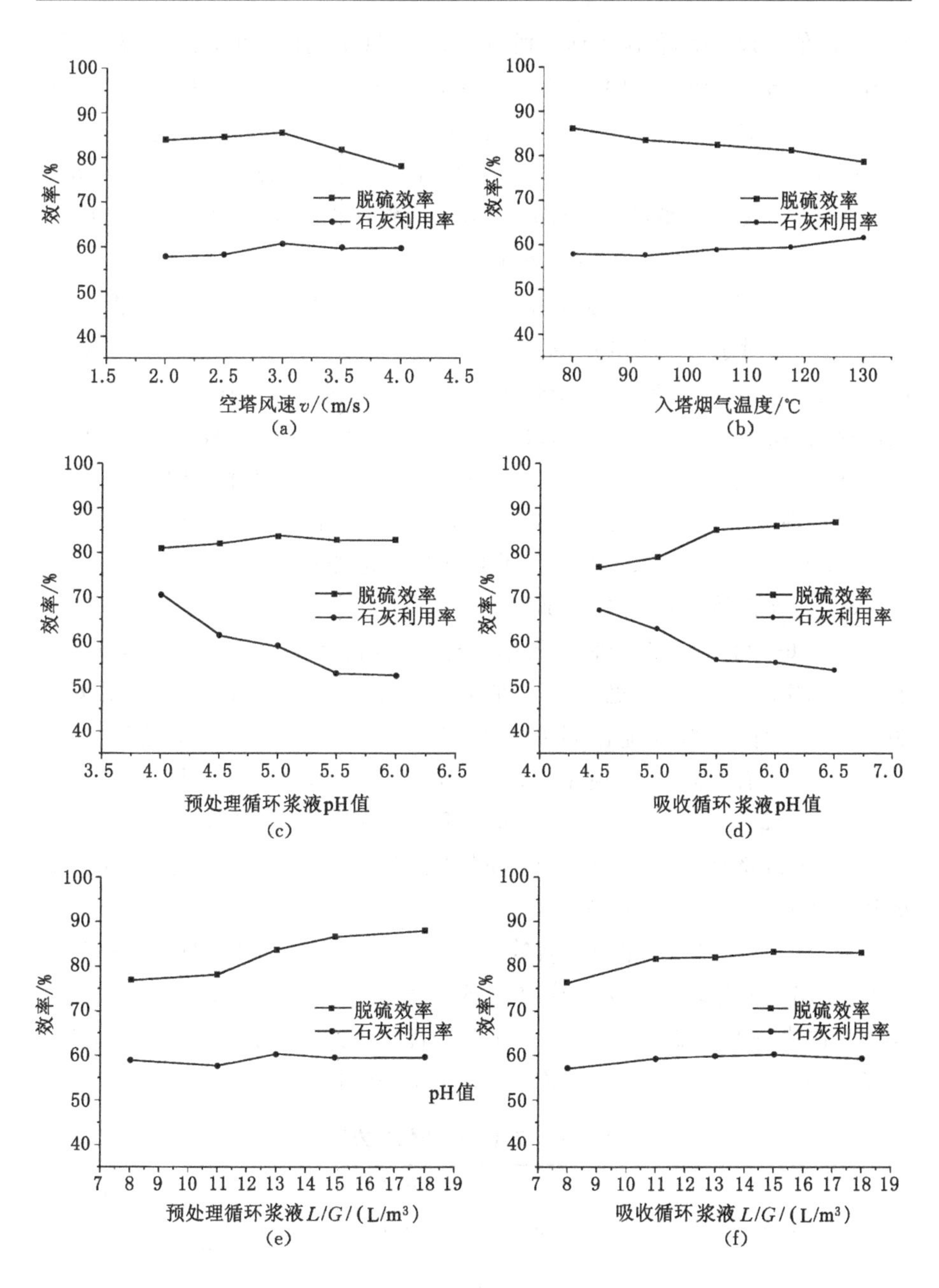

图 6-1 因素与指标关系图

浆液 pH 值的极差值，仅次于预处理循环浆液 pH 值的极差值，亦是主要因素。由图 6-1(d)也可看出，对于脱硫效率指标，吸收循环浆液 pH 值取 6.5 左右最佳，取 6.0 左右时效果次之；对于石灰石利用率指标，其随吸收循环浆液 pH 值升高而降低，在 4.0 左右时最好，在 4.5 左右时次之。综合考虑两个指标以及双循环多级水幕反应器的设计目的，确定吸收循环浆液 pH 值为 5.9～6.1。

6.2.3.5 预处理循环 L/G 对指标的影响

从表 6-2 可看出，对于脱硫效率指标，预处理循环 L/G 的极差最大，是最主要因素；对于石灰石利用率指标，预处理循环 L/G 的极差最小，为次要因素。由图 6-1(e)可看出，对于脱硫效率指标，其随预处理循环浆液 L/G 增大而提高，在 L/G 为 18 L/m^3 时最高；对于石灰石利用率指标，其在 L/G 为 13 L/m^3 时最好，在 L/G 为 18 L/m^3 时次之，L/G 的变化对其影响不大。从运行经济性考虑，L/G 可选择 15 L/m^3，但综合考虑，确定预处理循环 L/G 为 18 L/m^3，这也与 3.4.2 下段循环采用 L/G 值相一致。

6.2.3.6 吸收循环 L/G 对指标的影响

从表 6-2 可看出，对于脱硫效率指标，吸收循环 L/G 是主要因素；对于石灰石利用率指标，吸收循环 L/G 是次要因素。由图 6-1(f)也可看出，对于脱硫效率指标，其吸收随循环 L/G 的增大而提高，在 15 L/m^3 处最高，在 18 L/m^3 处略有下降，但影响不大；对于石灰石利用率指标，其同样在 L/G 为 15 L/m^3 处最高，在 18 L/m^3 处略有下降。从运行经济性来说，L/G 为 13 L/m^3 时经济性明显，而从石灰石利用率和脱硫效率综合考虑，确定吸收循环浆液 L/G 为 15 L/m^3 为宜。

通过以上各因素水平对脱硫效率指标和石灰石利用率指标影响的综合分析，得出双循环多级水幕反应器的试验优化方案 $A_3B_3C_2D_4E_5F_4$，优化方案对应的水平取值如表 6-3 所示。试验按优化方案进行脱硫效果验证，脱硫效率达到 88.3%，石灰石利用率为 82.2%，钙硫比为 1.07。

表 6-3 综合平衡法优化方案

项目	空塔风速	入塔烟气温度	预处理循环浆液 pH 值	吸收循环浆液 pH 值	预处理循环 L/G	吸收循环 L/G
水平	A_3	B_3	C_2	D_4	E_5	F_4
取值	3.0 m/s	105 ℃	4.4～4.6	5.9～6.1	18 L/m^3	15 L/m^3

6.3 烟气条件对脱硫性能的影响

本节试验主要考察模拟烟气入塔烟温和空塔风速对脱硫效率的影响。基于综合平衡法得出的试验优化方案，试验基础操作条件为：入塔烟温为80～130 ℃，吸收循环浆液 pH 值为 5.9～6.1，预处理循环浆液 pH 值为4.4～4.6，吸收循环 L/G 为 15 L/m³，预处理循环 L/G 为 18 L/m³，SO_2 进口浓度 2 000 mg/m³ 左右，空塔风速为 2.5 m/s、3.0 m/s 和3.5 m/s 3 个不同风速。试验改变入塔烟温及其与之相对应的循环浆液温度，维持其余的参数不变，研究其对脱硫效果的影响。

6.3.1 入塔烟温对脱硫性能的影响

入塔烟温变化范围为 80 ℃至 130 ℃，空塔风速分别为 2.5 m/s、3.0 m/s、3.5 m/s，其他试验条件不变，脱硫效率随入塔烟温的变化情况如图 6-2 所示。

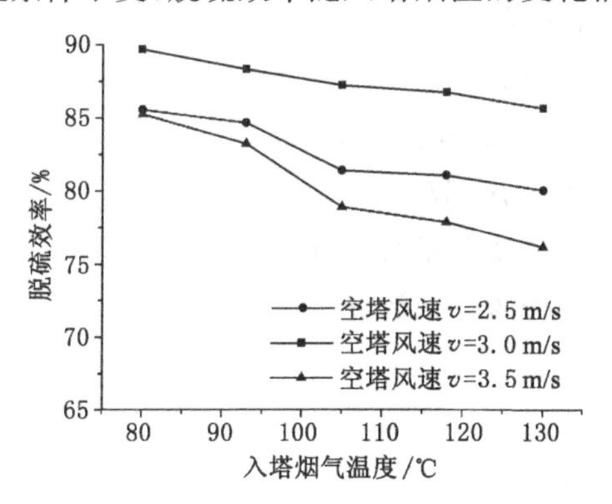

图 6-2 入塔烟温对脱硫效率的影响

从图 6-2 中可看出，3 种空塔风速条件的脱硫效率均随入塔烟温的增加而有不同程度降低。在空塔风速为 3.5 m/s 的情况下，入塔烟温从 80 ℃升高至 130 ℃时，脱硫效率降低最为明显，由 85.25%降低至 76.15%，降低了9.1%；在空塔风速为 2.5 m/s 的情况下，脱硫效率也有明显下降，由85.58%降低至 80.04%；在空塔风速为 3.0 m/s 的情况下，脱硫效率降低幅度最小，由 89.67%降低到 85.64%，仅下降了 4.03%。

脱硫效率随着入塔烟温的升高而降低，主要原因可从以下三方面加以分析：

(1) 温度对烟气中 SO_2 溶解度的影响

入塔热烟气与吸收液之间通过传质传热过程，使循环浆液温度逐渐升高。浆液温度影响 SO_2 的溶解，而 SO_2 只有溶于浆液后才能与吸收剂反应。根据膜模型可以解释脱硫效率随浆液温度升高而降低的原因。SO_2 吸收速率可由下式表示：

$$v=K_{AG}(P_{AG}-P_{A}^{*})=K_{AL}(C_{A}^{*}-C_{AL})=[1/k_{G}+1/(HEk_{L})]^{-1}P_{AG} \tag{6-1}$$

式中 v——SO_2 的传质速率，$kmol/(m^2 \cdot s)$；

P_{AG}，P_{A}^{*}——气相主体、气液界面分压及液相主体中 SO_2 的平衡分压，Pa；

C_{AL}，C_{A}^{*}——SO_2 在液相主体、气液界面及与气相分压 P_A 相平衡的浓度，$kmol/m^3$。

总传质系数与分传质系数的关系为

$$1/K_{AG}=1/k_{AG}+1/(H_{A}k_{AG})=1/k_{AG}+1/(H_{A}Ek_{AL})$$
$$1/K_{AL}=H_{A}/k_{AL}+1/k_{AL} \tag{6-2}$$

式中 H_A——享利系数，$mol/(cm^3 \cdot Pa)$；

k_{AG}——气相分传质分系数，$kmol/(m^2 \cdot s)$；

k_{AL}——液相分传质分系数，m/s。

脱硫效率可表示为：

$$\eta=(N\times A\times 3\ 600\times 64\times 10^{6})/(C_{SO_2}\times Q)\times 100\% \tag{6-3}$$

式中 η——脱硫效率，%；

A——气液接触面积，m^2；

C_{SO_2}——SO_2 入口浓度，mg/m^3；

Q——烟气风量，m^3/h。

由式(6-2)可知，气膜阻力和液膜阻力大小取决于气体的溶解度系数 $H[kmol/(m^3 \cdot kPa)]$，而 H 是温度的函数，随温度升高而减小。对于易溶气体，H 很大，$k_{AG}\approx K_{AG}$，即总阻力近似等于气膜阻力，称为气膜控制。对于难溶气体，H 很小，$k_{AL}\approx K_{AL}$，即总阻力近似等于液膜阻力，称为液膜控制。对于中等溶解度的气体，气膜阻力和液膜阻力共同作用，两者皆不能忽略。

根据文献[34]可知,浆液温度的升高,使 SO_2 的溶解度系数 H 降低,其具体关系可由式(6-4)表示。

$$\ln(H)=(510/T_0-26\,970T_1+155T_2-0.017\,5T_0T_3)/R \quad (6\text{-}4)$$

式中

$$T_0=298.15\ \mathrm{K}, R=8.314\,48\ \mathrm{J/(mol\cdot K)}$$

$$T_1=1/T_0-1/T, T_2=T_0/T-1+\ln(T/T_0)$$

$$T_3=T/T_0-T_0/T-2\ln(T/T_0)$$

(2) 温度对酸离子平衡常数的影响

在石灰石浆液中发生的脱硫反应主要有以下几个阶段:

SO_2 吸收:

$$SO_2+H_2O\longrightarrow H_2SO_3 \quad (6\text{-}5)$$

$$H_2SO_3\longrightarrow HSO_3^-+H^+ \quad K_1=[H^+][HSO_3^-]/[H_2SO_3] \quad (6\text{-}6)$$

$$HSO_3^-\longrightarrow SO_3^{2-}+H^+ \quad K_2=[H^+][SO_3^{2-}]/[HSO_3^-] \quad (6\text{-}7)$$

$CaCO_3$ 溶解:

$$CaCO_3\longrightarrow Ca^{2+}+CO_3^{2-} \quad (6\text{-}8)$$

中和:

$$CO_3^{2-}+H^+\longrightarrow HCO_3^- \quad (6\text{-}9)$$

$$HCO_3^-+H^+\longrightarrow H_2CO_3 \quad (6\text{-}10)$$

$$H_2CO_3\longrightarrow H_2O+CO_2 \quad (6\text{-}11)$$

式(6-8)～式(6-10)对式(6-4)～式(6-6)正向反应的促进作用,就是石灰石脱硫的基本过程。

以 S_T 表示溶液中含硫组分的总浓度,则有:

$$S_T=[SO_3^{2-}]+[HSO_3^-]+[H_2SO_3] \quad (6\text{-}12)$$

由式(6-5)、式(6-6)及式(6-11)得:

$$\begin{aligned}S_T&=[SO_3^{2-}]\{1+[H^+]/K_2+[H^+]^2/(K_1K_2)\}\\&=[HSO_3^-]\{1+[H^+]/K_1+K_2/[H^+]\}\\&=[H_2SO_3]\{1+K_1/[H^+]+(K_1K_2)/[H^+]^2\}\end{aligned} \quad (6\text{-}13)$$

各含硫组分所占比例为:

$$S_1=[SO_3^{2-}]/S_T=\{1+[H^+]/K_2+[H^+]^2/(K_1K_2)\}^{-1} \quad (6\text{-}14)$$

$$S_2=[HSO_3^-]/S_T=\{1+[H^+]/K_1+K_2/[H^+]\}^{-1} \quad (6\text{-}15)$$

$$S_3=[H_2SO_3]/S_T=\{1+K_1/[H^+]+(K_1K_2)/[H^+]^2\}^{-1} \quad (6\text{-}16)$$

25 ℃时式(6-6)和式(6-7)的平衡常数 K_1 和 K_2 分别为 0.013 9 和 6.724 1×10^{-8},50 ℃时(与工业脱硫装置中相近的温度)分别为 0.007 154 和5.386 6×10^{-8},将其代入式(6-14)~式(6-16)计算不同 pH 值时的 S_1、S_2 和 S_3,计算结果如图 6-3 所示。

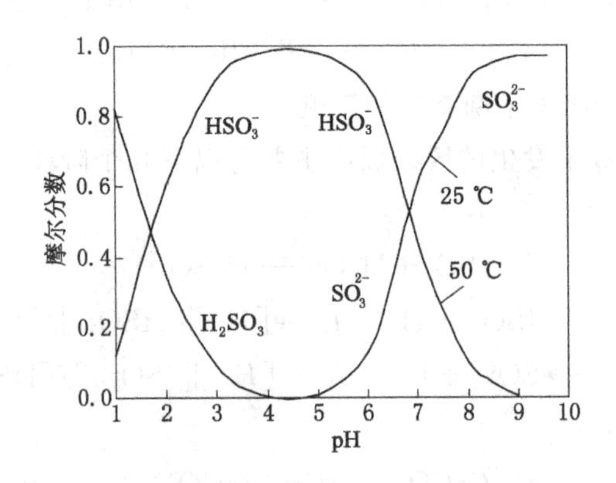

图 6-3　25 ℃和 50 ℃时典型的亚硫酸平衡曲线

由图 6-3 可知,当浆液温度为 25 ℃时,若 pH 值低于 1.8,则 S_3 大于 S_2,即平衡组分以 H_2SO_3 为主;随 pH 值的增加,S_2 也急剧增加,在 pH 值约为 4.5 时 [HSO_3^-]达最大,之后 HSO_3^- 又向 SO_3^{2-} 转化而致[HSO_3^-]降低;当 pH 值维持在 7.2 以上时,S_1 大于 S_2,且随 pH 值增加而继续增大,含硫组分以 SO_3^{2-} 为主。50 ℃时各含硫组分浓度的分布曲线与 25 ℃时类似,但均向右偏移。当 pH 值低于 2.1 时,S_3 大于 S_1,S_1 最大时对应的 pH 值约为4.7;pH 值在 7.3 以上时,S_1 大于 S_1。随着浆液温度的升高,SO_2 溶解度系数和平衡常数均减小,导致各含硫组分浓度的分布曲线均向右偏移,相应 HSO_3^- 和 SO_3^{2-} 浓度变小。由电中性原理可知,H^+ 浓度减小,pH 值增加,SO_2 吸收容量相应减小[62]。

(3) 温度影响脱硫浆液中离子的传递

浆液温度升高,使各种离子在浆液中的扩散系数增加,加快了浆液离子的质量传递,也加速了 SO_2 的吸收[66]。其中质量传递除了 SO_2 气体扩散、吸收外,还有 SO_3^{2-} 被氧化为 SO_4^{2-} 等过程。SO_3^{2-}/HSO_3^- 与 O_2 的反应速率很快,O_2 一旦穿过液膜,很快就会与 SO_3^{2-}/HSO_3^- 反应,但脱硫浆液中 O_2 的溶解度十分有限。因此,氧化速率常受 O_2 在液膜中扩散能力的限制。被

浆液所吸收的 O_2 量可根据契尔特科夫提出的关系式[7]得到：

$$G = 0.8Q^{0.7}\alpha(S/C)^6/(\rho\mu) \tag{6-17}$$

式中 G——被吸收的 O_2 量，g/(h·m²)；

Q——液体流速，g/(h·m²)；

α——$t/50$，其中 t 为溶液的平均温度，℃；

S/C——硫与“有效碱”的摩尔比；

ρ——溶液密度，kg/m³；

μ——溶液黏度，Pa·s。

由文献[99]可知，浆液密度和浆液黏度均随浆液温度的升高而有不同程度降低。因此由式(6-17)可知，当浆液温度升高，浆液中吸收的 O_2 浓度增加，SO_3^{2-} 被氧化为 SO_4^{2-} 的速率亦增加，脱硫效率也相应提高。

综合以上分析，脱硫反应器入口烟气温度增加，浆液温度通过热传递亦增加，浆液温度的增加对 SO_2 吸收有三方面的影响：使 SO_2 吸收速率减小；SO_2 的溶解度以及吸收反应的电离常数均减小，导致 SO_2 吸收容量减小；加快浆液中离子的质量传递，加速 SO_2 的吸收。在本试验范围内，由于后者的作用小于前两者，所以浆液的温度增加使得脱硫效率降低。

6.3.2 空塔风速对脱硫性能的影响

由图 6-2 可看出，在其他操作条件恒定且对应参数值相同的情况下，当空塔风速从 2.5 m/s 升高至 3.5 m/s 时，脱硫效率先升高后降低。当空塔风速为 3.0 m/s 时，脱硫效率最高。由此也验证了正交试验中所确定的优化试验方案中空塔风速选取为 3.0 m/s 的准确性。继续提高风速，烟气在塔内的停留时间缩短，气液接触时间减少，脱硫效率无明显提高；当再继续增加风速，脱硫效率反而降低。

6.4 运行参数对脱硫性能的影响

为研究运行参数对脱硫性能的影响，试验确定的基础操作条件为：空塔风速为 3.0 m/s，入塔烟温分别为 80 ℃和 130 ℃两个温度工况，其他试验操作参数的变化范围参见表 6-4。

表 6-4　脱硫性能试验的操作参数变化范围

参数	吸收循环 浆液 pH 值(A)	预处理循环 浆液 pH 值(B)	吸收循环 L/G(C)	预处理循环 L/G(D)
单位	—	—	L/m^3	L/m^3
范围	4.5～6.5	4.0～6.0	8～18	8～18

改变其中某个参数而维持其余参数不变，研究单个参数变化对脱硫效果的影响。由热湿交换性能分析阶段得出的结论可知，在改变吸收循环浆液和预处理循环浆液 L/G 时，吸收循环段和预处理循环段的浆液温度也相应改变。

6.4.1　pH 值对脱硫性能的影响

pH 值是影响脱硫效率的关键因素之一，决定了石灰石的溶解和利用率。热态条件下，由于入塔烟气温度、湿度和浆液温度的影响，石灰石溶解、SO_2 的吸收与常温条件下也有明显不同，本书设计的双循环多级水幕反应器属于双循环、分段 pH 值控制，研究 pH 值对脱硫性能的影响尤为重要。

试验操作条件：空塔风速 3.0 m/s，SO_2 进口浓度控制在 2 000 mg/m^3 左右，预处理循环和吸收循环浆液 L/G 分别为 18 L/m^3 和 15 L/m^3，入塔烟温分别为 80 ℃和 130 ℃。在研究预处理循环浆液 pH 值对脱硫效率影响时，控制预处理循环浆液 pH 值为 4.0～6.0，保持吸收循环浆液 pH 值为 5.9～6.1；研究吸收循环浆液 pH 值对脱硫效率影响时，控制吸收循环浆液 pH 值为 4.5～6.5，保持预处理循环浆液 pH 值为 4.4～4.6；在研究吸收循环浆液 pH 值等于预处理循环浆液 pH 值对脱硫效率的影响时，控制两者 pH 值相同，且同时维持在 4.5～6.0。

6.4.1.1　pH(预处理)对脱硫效率的影响

研究预处理循环浆液 pH 值对脱硫效率的影响试验条件如 6.4.1 所述，试验结果如图 6-4 所示。

由图 6-4 可知，在两种烟气工况条件下，预处理循环浆液 pH 值对脱硫效率的影响基本一致，脱硫效率均随预处理循环浆液 pH 值的升高而升高，在 pH 值为 5～6 范围内脱硫效率提高的幅度有所增加，但脱硫效率总体增加趋势不明显。在 T 为 80 ℃、吸收循环浆液 pH 值为 6.5 的工况下，脱硫效

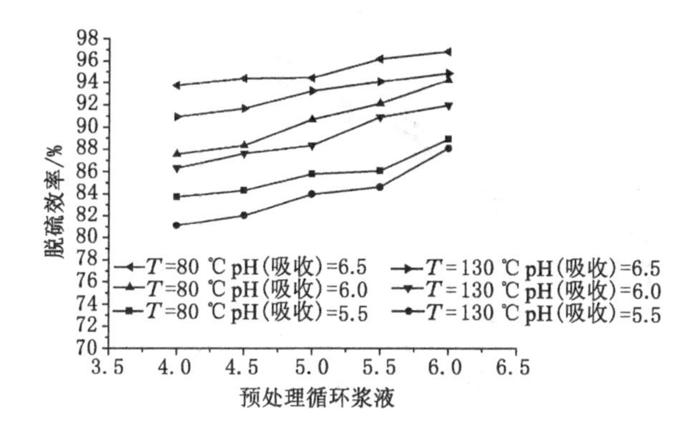

图 6-4　脱硫效率随预处理循环浆液 pH 值的变化

率较高，当预处理循环浆液 pH 值为 4.0 时脱硫效率能够维持在 93.76%以上，但是脱硫系统的石灰石利用率较低，仅为 70.25%，n_{Ca}/n_S 为 1.33。当预处理循环浆液 pH 值为 6.0 时，脱硫效率最高达到 97.0%，但石灰石利用率只有 64.41%，对应的 n_{Ca}/n_S 为 1.51；当继续提高预处理循环浆液 pH 值时，脱硫效率的增加非常有限，而石灰石利用率更低，n_{Ca}/n_S 远高于传统钙基湿法脱硫的 n_{Ca}/n_S 范围（n_{Ca}/n_S＝1.01～1.03）。

在 T 为 130 ℃、吸收循环浆液 pH 值为 5.5 的工况下，当预处理循环浆液 pH 值为 4.0 时，脱硫效率能达到 81.11%以上；当预处理循环浆液 pH 值为 6.0 时，脱硫效率提高较明显，最高达到了 89.1%，但同样存在石灰石利用率（58.49%）不高、对应的 n_{Ca}/n_S（n_{Ca}/n_S＝1.52）偏大的情况。值得注意的是，在 T 为 80 ℃、吸收循环浆液 pH 值为 6.0 和 T 为 130 ℃、吸收循环浆液 pH 值为 6.0 两个工况下得出的脱硫效率非常接近，最大仅有 2.35%的差值，且石灰石利用率较高，n_{Ca}/n_S 最高值低于 1.1。

6.4.1.2　pH(吸收)对脱硫效率的影响

研究吸收循环浆液 pH 值对脱硫效率的影响，试验条件如 6.4.1 所述，试验结果如图 6-5 所示。

由图 6-5 可看出，在不同工况下，吸收循环浆液 pH 值对脱硫效率的影响也基本类似，脱硫效率均随吸收循环浆液 pH 值的升高而升高，在 pH 值为 5～6.5 范围内脱硫效率显著提高，脱硫效率总体增加幅度明显。

在 T 为 80 ℃、预处理循环浆液 pH 值为 5.0 的工况下，脱硫效率较高，当吸收循环浆液 pH 值为 4.5 时能够保持在 75.86%以上；当吸收循环浆液

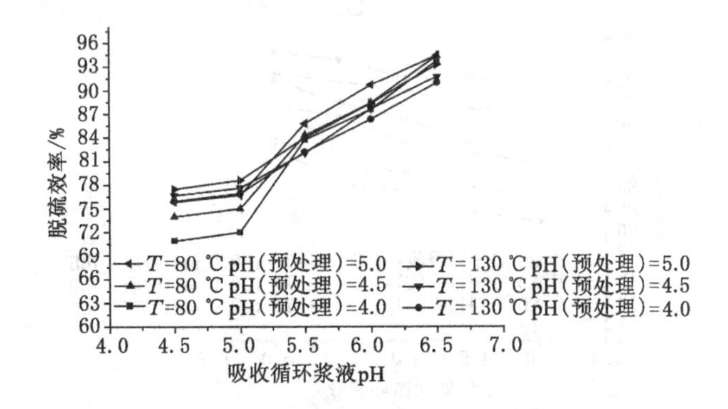

图 6-5　脱硫效率随吸收循环浆液 pH 值的变化

pH 值为 6.5 时，脱硫效率最高达到了 94.38%。在 T 为 80 ℃、预处理循环浆液 pH 值为 4.0 的工况下，当吸收循环浆液 pH 值为 4.5 时，脱硫效率基本维持在 70.88%以上；当吸收循环浆液 pH 值提升至 6.5 时，脱硫效率增加较快，达到了 93.76%，但此时石灰石利用率不高，仅为 81.25%，对应的 n_{Ca}/n_S 偏大，达到了 1.15。在 T 为 80 ℃、预处理循环浆液 pH 为 4.5 的工况下，当吸收循环浆液 pH 为 4.5 时，脱硫效率基本维持在 74.00%以上；当吸收循环浆液 pH 值提升至 6.0 时，脱硫效率为 85.33%，石灰石利用率为 80.14%。

由图 6-5 还可看出，在吸收循环浆液 pH 值低于 5 的情况下，入塔烟温为 80 ℃时的脱硫效率总体低于 130 ℃时的脱硫效率，脱硫效率受入塔烟温和预处理循环浆液 pH 值的影响较大；吸收循环浆液 pH 值在 5～5.5 范围时，入塔烟温为 80 ℃工况的脱硫效率增加较为明显，该条件下所有工况条件的脱硫效率均能保持在 82.04%以上，且与 130 ℃工况下的脱硫效率相近；在吸收循环浆液 pH 值为 5.5～6.5 的情况下，所有工况条件的脱硫效率仍相近，当吸收循环浆液 pH 值为 6.5 时，脱硫效率均在 90.93%以上，此时的石灰石利用率不高(88.91%)。

试验结果呈现出的变化规律，存在以下三个原因：

(1) 循环浆液经喷嘴高速喷洒在锥体上产生了大量的小液滴和沿锥体表面下流的液膜，由于 L/G 较大且液膜表面更新速度较快，锥体面上的液体冲击到塔壁上顺着塔壁下流，并形成均匀的液膜，气液混合效果较好，吸收循环段的锥体数目多于预处理循环的锥体数目，所以吸收段脱硫效果较好。

(2) pH 值的高低对 $CaSO_4 \cdot 2H_2O$ 的溶解度影响不大，而对 $CaSO_3 \cdot 1/2H_2O$ 的影响比较大。反应器吸收循环为抑制氧化过程，脱硫产物主要为 $CaSO_3 \cdot 1/2H_2O$，脱硫反应器预处理循环为强制氧化过程，脱硫产物主要是 $CaSO_4 \cdot 2H_2O$。当 pH 值大于 5.0 时，$CaSO_3 \cdot 1/2H_2O$ 溶解度降低，既可杜绝结垢，又可促进 SO_2 的吸收[100]。因此当吸收循环浆液 pH 值大于预处理循环浆液 pH 值，且吸收循环浆液 pH 值大于 5.0 时，脱硫效率明显提高。

(3) 热烟气经过预处理循环后，不仅去除了部分 SO_2，降低了上段循环浆液的负荷，而且使进入上段的烟温降低，维持在 30～40 ℃的范围内，有效提高了吸收循环的脱硫反应过程。

6.4.1.3 pH(吸收)与 pH(预处理)相等时的脱硫性能

为了比较所设计的反应器采用不同浆液 pH 值控制与传统脱硫反应器单一 pH 值控制，本书进行了吸收循环浆液 pH 值与预处理循环的浆液 pH 值相同条件下的脱硫性能试验，试验结果如图 6-6 所示。

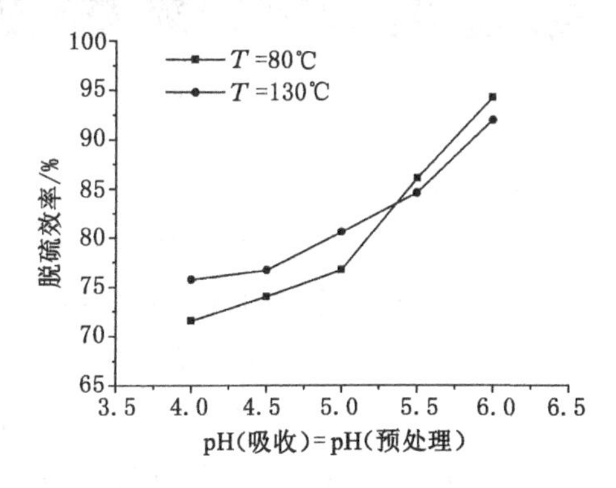

图 6-6 pH(吸收)与 pH(预处理)相等时的脱硫效率的变化

由图 6-6 可看出，当 pH(吸收)与 pH(预处理)相等时，且在 4.5～5.0 范围内变化时，入塔烟温为 80 ℃工况的脱硫效率明显低于 130 ℃工况的脱硫效率，但脱硫效率均较低，均小于 80%；而当 pH 值在 5.0～5.5 范围时，80 ℃工况的脱硫效率有明显的提升，130 ℃工况的脱硫效率增幅不明显；当 pH 值在 5.5～6.0 范围时，80 ℃工况的脱硫效率高于 130 ℃工况的脱硫效率。两工况的脱硫效率在 pH 值为 5.3 附近时脱硫效率相等。

由此可推断，当入塔烟温保持较低水平时，可选用较高的 pH 值(pH 值大于 5.3)运行；反之，当入塔烟温保持较高水平时，可采用较低的 pH 值(pH

值小于 5.3)运行。该试验结论也进一步验证了本书所设计的双循环多级水幕反应器预处理循环(入口烟气温度较高)浆液采用低 pH 值运行,而吸收循环(由于预处理循环的热湿交换作用,烟气温度已经降至较低水平)浆液采用高 pH 值运行的合理性。

在试验操作过程中可发现,当预处理循环和吸收循环浆液 pH 值为 6.0 时,入塔烟温无论是 80 ℃还是 130 ℃,虽然脱硫效率有明显提高,但反应器入口处短时间内极易形成如图 6-7 所示的结垢。

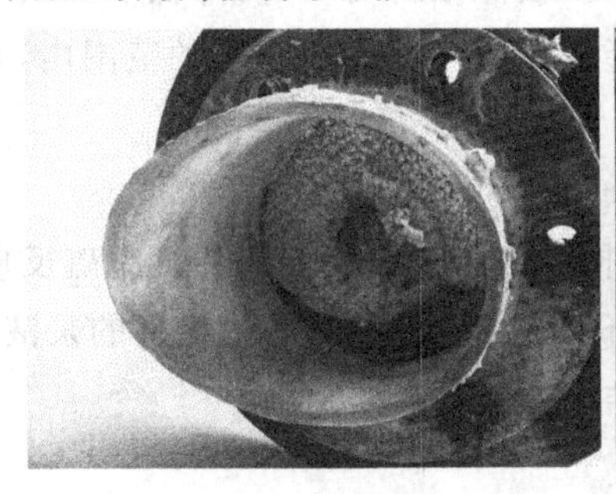

图 6-7　烟气入口部分结垢图

造成结垢的原因可能有以下两个方面:

(1) 根据 Miller[101-102] 等对 SO_2 在水溶液中的氧化动力学相关研究可知,HSO_3^- 在 pH 值为 4.5 时氧化速率达到最大值;双循环多级水幕反应器预处理循环浆液 pH 值小于 6 时,浆液中的硫以 HSO_3^- 居多,在强制氧化作用下,HSO_3^- 被强制氧化为 SO_4^{2-}。一般认为,烟气温度每提高 10 ℃,HSO_3^- 的氧化速率将加倍[7]。在脱硫反应器入口处烟气温度最高,氧含量最大,氧化效果也最好。因此当含有 HSO_3^- 的脱硫浆液附着于烟气入口处时,会迅速转化为 $CaSO_4 \cdot 2H_2O$,并从溶液中析出。

(2) 热烟气经水平烟道切向进入脱硫反应器,烟气在反应器内虽然呈螺旋状上升,但由于入口为切向进入式,烟气切向进入后沿塔内壁运动,在反应器入口干湿交界处存在部分涡流,脱硫浆液受到螺旋上升烟气的影响极易在此累积;浆液中 $CaSO_3 \cdot 1/2H_2O$ 形成的软垢会逐渐氧化成 $CaSO_4 \cdot 2H_2O$。另外,由于热烟气的蒸发作用,反应器入口处迅速形成硬垢。这些带结晶水的硬垢在干湿状态交替作用下,体积膨胀高达几十倍,应力更大,会导致反应器局部或部分构件的损坏[100]。

综合吸收循环浆液 pH 值和预处理循环浆液 pH 值对脱硫效率的影响可知，双循环多级水幕反应器采用不同浆液 pH 值控制与传统脱硫反应器相比，有明显提高石灰石溶解率和脱硫效率的优势。预处理循环浆液 pH 值变化对脱硫反应器整体脱硫效率的影响并不明显，但其所起的作用不容忽视，而吸收循环浆液 pH 值的变化直接影响脱硫反应器的脱硫效率。其主要原因是由于预处理循环浆液 pH 值控制在较低水平(pH＝4.0～5.0)，吸收循环浆液中未参与反应的石灰石会通过溢流导管进入预处理循环浆液中进一步得到溶解，在预处理循环段发生的总反应为：

$$2SO_2+CaSO_3/CaSO_4\cdot 1/2H_2O+O_2+7/2H_2O \longrightarrow 2CaSO_4\cdot 2H_2O+CO_2\uparrow \tag{6-18}$$

$$SO_2+CaSO_3\cdot 1/2H_2O+1/2H_2O \longrightarrow Ca(HSO_3)_2 \tag{6-19}$$

在 pH 值为 4.0～5.0 时，石灰石溶解较快，浆液中的硫元素主要以 HSO_3^- 存在，$Ca(HSO_3)_2$ 具有一定的缓冲作用，浆液的 pH 值受烟气 SO_2 浓度波动影响较小。同时，低 pH 值有利于 $CaCO_3$ 的溶解。烟气经过预处理循环的部分吸收作用后进入吸收循环段，控制吸收循环段中的浆液 pH 值在较高范围内(pH＝5.5～6.6)，非常有利于脱硫浆液对剩余 SO_2 的吸收，确保在预处理循环未被吸收的 SO_2 在该段得到充分吸收，达到所需的脱硫效率。总的化学反应为：

$$SO_2+CaCO_3+1/2H_2O \longrightarrow CaSO_3\cdot 1/2H_2O+CO_2\uparrow \tag{6-20}$$

$$SO_2+CaCO_3+3/2H_2O \longrightarrow Ca(HCO_3)_2+CaSO_3\cdot 1/2H_2O+CO_2\uparrow \tag{6-21}$$

6.4.2 *L/G* 对脱硫性能的影响

L/G 是决定脱硫效率的关键参数之一，其数值大小反映了脱硫系统操作线的斜率。当循环浆液 *L/G* 增加时，浆液的比表面积相应增加，液膜增强因子也增加，总传质系数也增加，传质单元数和脱硫效率也随之增大。为了保持脱硫反应器脱硫效率不变，空塔风速越高，烟气流量越大，单位时间需去除的 SO_2 量越大，需要的循环浆液 *L/G* 也越高；反之亦然。SO_2 与循环浆液间的吸收平衡使得循环浆液 *L/G* 超过一定值后，脱硫效率将不再增加。

L/G 对脱硫效率的影响试验条件为：空塔风速 3.0 m/s，入口 SO_2 浓度

为 2 000 mg/m³ 左右，吸收循环浆液 pH 值为 5.9～6.1，预处理循环浆液 pH 值为 4.4～4.6，入塔烟温分别为 80 ℃和 130 ℃，分别考察吸收循环浆液 L/G、预处理循环浆液 L/G 以及吸收循环浆液 L/G 与预处理循环浆液 L/G 相等 3 种情况对脱硫性能的影响。在进行吸收循环浆液 L/G 对脱硫效率影响试验时，保持预处理循环浆液 L/G 为 18 L/m³，控制吸收循环浆液 L/G 在 8～18 L/m³ 范围内变化；在进行预处理循环浆液 L/G 对脱硫效率影响试验时，保持吸收循环浆液 L/G 为 15 L/m³，控制预处理循环浆液 L/G 在 8～18 L/m³ 范围内变化；在进行预处理循环浆液 L/G 等于吸收循环浆液 L/G 对脱硫效率影响试验时，控制两循环浆液 L/G 相同，且在 8～18 L/m³ 的范围内变化。

6.4.2.1 吸收循环浆液 L/G 对脱硫效率的影响

吸收循环浆液 L/G 对脱硫效率的影响试验条件如 6.4.2 所述，试验结果如图 6-8 所示。

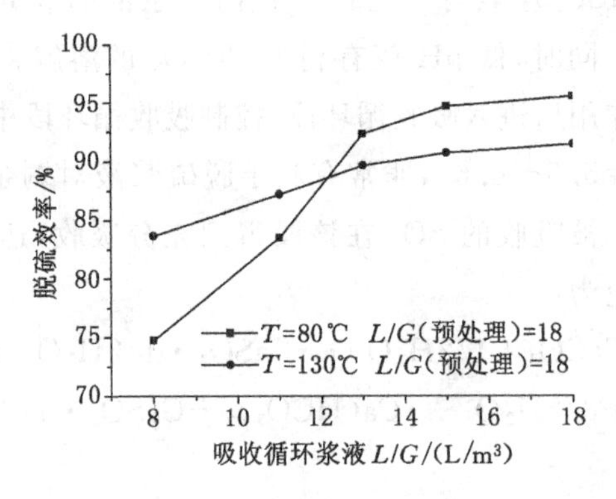

图 6-8 吸收循环浆液 L/G 与脱硫效率的关系

由图 6-8 可看出，在 80 ℃和 130 ℃ 两个工况条件下，脱硫反应器吸收循环浆液 L/G 对脱硫效率的影响一致，均随 L/G 的增加而升高。预处理循环浆液 L/G 从 8 L/m³ 增加至 18 L/m³，80 ℃工况条件，脱硫效率增加了 20.82%，比在 130 ℃工况条件高出了 13%。当 L/G 在较低范围内(L/G=8～13 L/m³)时，脱硫效率增长明显，80 ℃工况条件和 130 ℃工况条件的脱硫效率分别提高了 17.61%和 6.01%，平均提高了 11.81%，且 80 ℃工况条件的脱硫效率低于 130 ℃工况条件的脱硫效率。当 L/G 在较高范围内(L/G=13～18 L/m³)时，脱硫效率增长缓慢，平均提高了 2.51%，而 80 ℃

工况条件的脱硫效率高于 130 ℃工况条件的脱硫效率。当循环浆液 $L/G=15\ L/m^3$ 时，两工况条件下的出口 SO_2 浓度均小于 186 mg/m^3，脱硫效率均保持在 90%以上。

试验结果呈现出上述规律的主要原因如下：

（1）在塔内空塔风速一定时，循环浆液 L/G 增加，增大了吸收塔内的浆液喷淋密度，单位时间进入脱硫装置的吸收剂量增多，气液接触机会增加，与 SO_2 反应时间变长。相当于空塔风速不变，喷淋浆液量增加，喷射在锥体上的浆液飞溅起更多的小液滴，同时锥体表面和塔内壁的浆液流速增加，液体更新加快，吸收段气液混合加强，传质反应系数增加，使吸收速率增加。

（2）吸收循环浆液 L/G 保持在一定范围内，可以保证脱硫效率处于较高水平，当循环浆液 L/G 提高至一定程度时，吸收循环的气液接触面积达到极值，脱硫效率无提升空间。此时，由于循环浆液 L/G 过高带来的问题却显得突出，出口烟气夹带细小液滴量增加，给后续设备和烟道造成结垢和腐蚀。

（3）循环浆液 L/G 的增大也带来脱硫反应器内压力损失的增大，风机、浆液循环泵等系统设计功率的增大及运行电耗的增加，运行成本增加明显，经济性很差。所以，在保证一定的脱硫效率的前提下，尽量采用较小的循环浆液 L/G。

6.4.2.2 预处理循环浆液 L/G 对脱硫效率的影响

预处理循环浆液 L/G 对脱硫效率的影响试验条件如 6.4.2 所述，试验结果如图 6-9 所示。

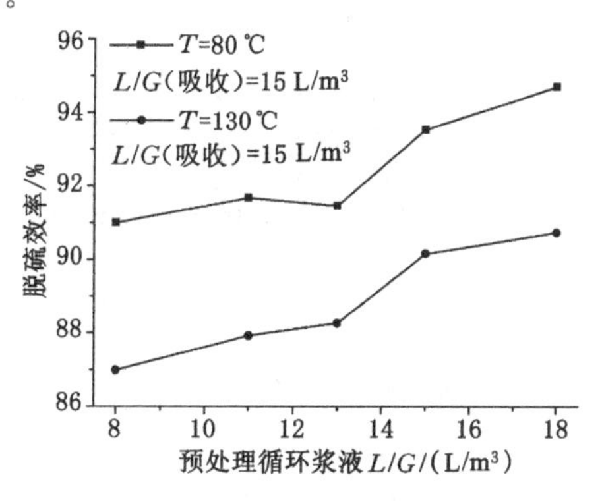

图 6-9 预处理循环浆液 L/G 与脱硫效率的关系

由图 6-9 可看出，在 80 ℃和 130 ℃工况条件下，预处理循环浆液 L/G 对脱硫效率的影响非常相似，脱硫效率均随循环浆液 L/G 的增高而升高。预处理循环浆液 L/G 从 8 L/m^3 增加至 18 L/m^3，脱硫效率平均提高了 3.75%。80 ℃烟气条件的脱硫效率比 130 ℃烟气条件的脱硫效率平均高出 3.6%，且两者差值基本随 L/G 的变化而保持不变。

综合图 6-8 和图 6-9 可看出，当预处理循环浆液 L/G 不变、吸收循环浆液 L/G 由 8 L/m^3 增加至 18 L/m^3 时，脱硫效率平均提高了 14.32%；当吸收循环浆液 L/G 不变，预处理循环浆液 L/G 由 8 L/m^3 增长到 18 L/m^3 时，脱硫效率平均仅提高了 3.7%，增长幅度明显低于前者，说明吸收循环浆液 L/G 对脱硫效率的影响要远大于预处理循环浆液 L/G 对脱硫效率的影响。

6.4.2.3 吸收循环浆液与预处理循环浆液 L/G 相同时的脱硫性能

考虑到双循环多级水幕反应器在不同 pH 值条件下，若吸收循环浆液 L/G 与预处理循环浆液 L/G 相同时运行对脱硫性能的影响不大，则可以在实际操作中设置相同的 L/G，以简化运行参数。因此，本书进行了吸收循环浆液与预处理循环浆液 L/G 相同时对脱硫性能的影响试验，试验同时考察两种烟气温度条件，即 T 为 80 ℃和 T 为 130 ℃时对脱硫性能影响的对比，试验结果如图 6-10 所示。

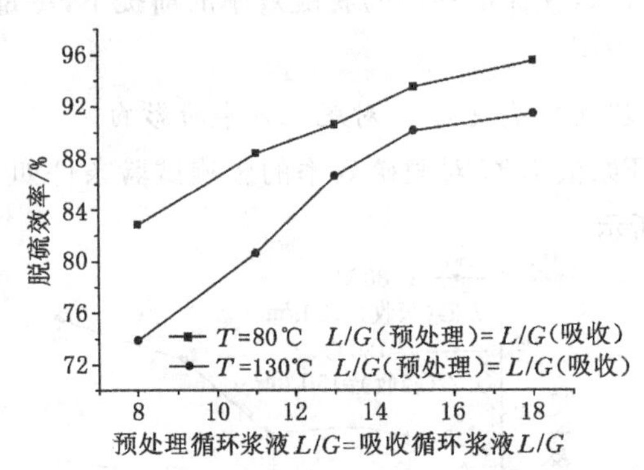

图 6-10 吸收循环浆液与预处理循环浆液 L/G 相等时的脱硫性能

由图 6-10 可看出，当预处理循环浆液 L/G 与吸收循环浆液 L/G 相同时，在 80 ℃工况条件和 130 ℃工况条件下，L/G 的变化对脱硫效率的影响相似，均随循环浆液 L/G 的增加而提高，且增加幅度明显。在试验范围内，

L/G从 8 L/m^3 增加至 18 L/m^3,脱硫效率平均提高了 15.17%。在预处理循环浆液 L/G 与吸收循环浆液 L/G 相同的情况下,烟气温度为 80 ℃时,脱硫效率维持在 83%以上,最高达到了 96%;而烟气温度为 130 ℃时,脱硫效率最低仅为 74%,最高低于 92%。因此,80 ℃工况条件的脱硫效率总体高于 130 ℃工况条件的脱硫效率。但是,脱硫效率的差值均随循环浆液 L/G 的增加而缩小,当循环浆液 L/G 为 15 L/m^3 时脱硫效率相差最小。当 L/G ≥15 L/m^3 时,脱硫反应器的脱硫效率均能够维持在 90%以上。通过试验可得出结论,在脱硫效率要求不高的情况下,双循环多级水幕反应器预处理循环浆液和吸收循环浆液 L/G 高于 15 L/m^3 时,可以采用相同 L/G 运行,以简化运行和操作。

6.5 基于 EViews 软件的热态烟气脱硫数学模型

双循环多级水幕反应器数学模型,是针对热态烟气脱硫试验所得到的脱硫效率与烟气条件和工艺运行参数之间的关系,根据特有的内在规律,运用数学工具,建立的一个符合双循环多级水幕反应器脱硫特性的表达式。表达式为脱硫效率与入塔烟温、空塔风速、浆液 pH 值、L/G之间的函数关系。该数学模型所需热态烟气脱硫试验数据量很大,笔者通过各个建模软件的比较后认为,EViews 软件非常适合用于此次数学建模,该软件可以利用大量的试验数据运用统计方法建立数学模型[141-144]。结合热态烟气脱硫试验数据特点,本书采用 EViews 软件的回归分析法建立统计数学模型。

6.5.1 建模基础数据及线性关系

本书数学建模基础数据采用热态烟气脱硫性能试验的测试结果,选择典型工业烟气入口 SO_2 浓度 2 000 mg/m^3 为条件,选取其中最具有代表性的 130 组数据,每组数据包括空塔风速、烟气温度、L/G(上)、L/G(下)、pH 值(上)、pH 值(下)6 种运行参数和此工况条件对应的脱硫效率。在建模过程中,v 为空塔风速,T 为烟气温度,LGD 为 L/G(下),LGU 为 L/G(上),PHD 为 pH 值(下),PHU 为 pH 值(上),y 为脱硫效率,C 为常数项。6 种运行参数与脱硫效率间的关系如图 6-11 所示。

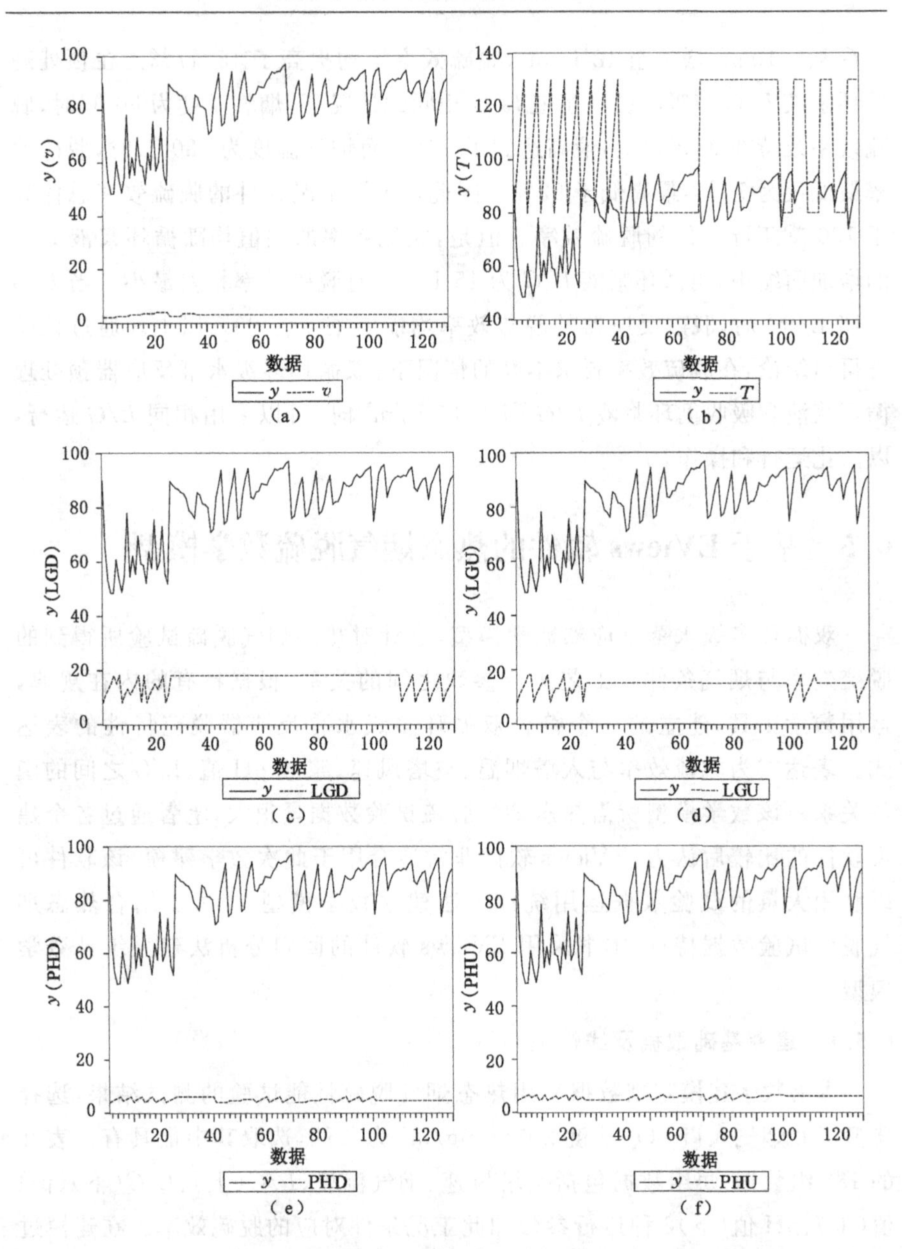

图 6-11　6 种参数与脱硫效率(y)的线性关系图

(a) y-v 线性关系；(b) y-T 线性关系；(c) y-LGD 线性关系；
(d) y-LGU 线性关系；(e) y-PHD 线性关系；(f) y-PHU 线性关系

6.5.2 线性数学模型精确度判定

数学模型通过对 R^2 统计量、回归标准差、残差平方和、对数似然函数值、Durbin-Watson 统计量、AIC 准则、Schwarz 准则和 F 统计量的分析和比较，判断统计数学模型的显著性。通过显著性检验的数学模型，运用 RMSE(均方根误差)、MAE(平均绝对误差)和 Theil IC(希尔不等系数)三个参数，分析和判断模型预测结果的准确性。模型预测结果通过 BP(预测值均值和实际值均值间的差异)、VP(标准差的差异)和 CP(剩余误差)三个参数的分析，判断模型预测值与实测值的差异及数学模型的预测精度[142-143]。

R-squared 为 R^2 统计量，衡量在样本内预测因变量值的回归是否成功，R^2 值为 0～1，越接近 1 表示拟合越好，大于 0.8 认为可以接受。EViews 计算 R^2 的公式为：

$$R^2 = 1 - \frac{\hat{\varepsilon}'\hat{\varepsilon}}{(y-\bar{y})'(y-\bar{y})}, \hat{\varepsilon} = y - Xb, \bar{y} = \sum_{t=1}^{T} y_t / T \tag{6-22}$$

Adjusted R-squared 为调整后的 $\bar{R}^2$ 统计量，消除 R^2 中对模型没有解释力的新增变量。计算方法如下：

$$\bar{R}^2 = 1 - (1 - R^2)\frac{T-1}{T-K} \tag{6-23}$$

S. E. of regression 为回归标准差，是在残差的方差的估计值基础之上的一个总结。计算方法如下：

$$s = \sqrt{\hat{\varepsilon}'\hat{\varepsilon}/(T-K)} \hat{\varepsilon} = y - Xb \tag{6-24}$$

Sum squared resid 为残差平方和，用于统计计算，表达式如下：

$$\hat{\varepsilon}'\hat{\varepsilon} = \sum_{i=1}^{t} (y_i - X_i b)^2 \tag{6-25}$$

Log likelihood 为对数似然函数值，残差越小，l 值越大，说明模型越正确。对数似然函数计算如下：

$$l = -\frac{T}{2}(1 + \lg(2\pi) + \lg(\hat{\varepsilon}'\hat{\varepsilon}/T)) \tag{6-26}$$

Durbin-Watson stat 为 Durbin-Watson 统计量，用于衡量残差的序列相关性，计算方法如下：

$$\mathrm{DW} = \sum_{i=2}^{T} (\hat{\varepsilon}_i - \hat{\varepsilon}_{i-1})^2 / \sum_{i=1}^{T} \hat{\varepsilon}_i^2 \tag{6-27}$$

Mean dependent var 和 S. D. dependent var 分别表示因变量均值和标准差，y 的均值和标准差由下面标准公式算出：

$$\bar{y}=\sum_{i=1}^{T} y_i/T,\quad s_y=\sqrt{\sum_{t=1}^{T}(y_i-\bar{y})^2/(T-1)} \tag{6-28}$$

Akaike info criterion 为 AIC 准则，其值越小，模型越精确，计算公式如下：

$$\mathrm{AIC}=-2l/T+2k/T \tag{6-29}$$

Schwarz criterion 为 Schwarz 准则，是 AIC 准则的替代方法，引入了对增加系数的更大的惩罚，其值越小说明模型越精确：

$$\mathrm{SC}=-2l/T+(k\lg T)/T \tag{6-30}$$

F-statistic 为 F 统计量和边际显著性水平，检验回归中所有的系数是否为零(除了常数或截距)。对于普通最小二乘模型，F 统计量由下式计算：

$$F=\frac{R^2/(k-1)}{(1-R^2)/(T-k)} \tag{6-31}$$

F 统计量下的 P 值，即 Prob(F-statistic)，是 F 检验的边际显著性水平。

RMSE(root mean squared error)为均方根误差，定义为：

$$\mathrm{RMSE}=\sqrt{\frac{1}{n}\sum_{i=1}^{n}(\hat{y}_i-y_i)^2} \tag{6-32}$$

MAE(mean absolute error)为平均绝对误差：

$$\mathrm{MAE}=\frac{1}{n}\sum_{i=1}^{n}\left|\hat{y}_i-y_i\right| \tag{6-33}$$

这两个指标取决于因变量的绝对值，通常更直接查看的相对指标是 MAPE，即平均绝对百分误差。其定义为：

$$\mathrm{MAPE}=\frac{1}{n}\sum_{i=1}^{n}\left|\frac{\hat{y}_i-y_i}{y_i}\times 100\right| \tag{6-34}$$

一般认为如果 MAPE 的值低于 10，则认为预测精度较高。

Theil IC(Theil inequality coefficient)为希尔不等系数，表达式如下：

$$\text{Theil IC}=\frac{\sqrt{\frac{1}{n}\sum_{i=1}^{n}(\hat{y}_i-y_i)^2}}{\sqrt{\frac{1}{n}\sum_{i=1}^{n}\hat{y}_i^{\,2}}+\sqrt{\frac{1}{n}\sum_{i=1}^{n}y_i^{\,2}}} \tag{6-35}$$

Theil IC 值一般介于 0 到 1 之间，数值越小，表明拟合值和真实值间的差异越小，预测精度越高。

偏差率

$$BP = \frac{(\overline{\hat{y}} - \overline{y})^2}{(\hat{y}_i - y_i)^2/n} \tag{6-36}$$

方差率

$$VP = \frac{(\sigma_{\hat{y}} - \sigma_y)^2}{(\hat{y}_i - y_i)^2/n} \tag{6-37}$$

协变率

$$CP = \frac{2(1-r)\sigma_{\hat{y}}\sigma_y}{\sum(\hat{y}_i - y_i)^2/n} = 1 - \text{偏差率} - \text{方差率} \tag{6-38}$$

BP 值的大小反映了预测值均值和实际值均值间的差异，VP 值大小反映了标准差的差异，CP 值则衡量了剩余的误差。当模型精确度较高时，预测结果比较理想，则均方误差大多集中在协变率上，而其余两项的值均都很小。

6.5.3　热态烟气脱硫线性数学模型

本书从参数间有无相关性、函数关系有无常数项、函数式中有无对数或指数关系等方面进行逐一回归，建立脱硫效率与 6 个变量之间的数学模型。EViews 运行结果通过对 R^2 统计量、回归标准差、残差平方和、对数似然函数值、Durbin-Watson 统计量、AIC 准则、Schwarz 准则和 F 统计量的分析和比较，得出包含常数项的相关性线性数学模型符合显著性检验要求。该模型的 EViews 运行结果如图 6-12 所示。

由 EViews 运行结果可得出统计数学模型如下：

$$426.44T/y^2 - 2\ 778.24/y = 4.69V + 0.45\text{LGD} + 0.87\text{LGU} + 2.67\text{PHD} + 4.57\text{PHU} - 100 \tag{6-39}$$

由图 6-12 运行结果可知，所有参数（包括常数项）的 P 值均接近于零，R^2 和 $\overline{R}^2$ 值分别为 0.924 741 和 0.921 069。一般情况下，R^2 和 $\overline{R}^2$ 值高于 0.80（80%），就说明回归模型可接受，所以该模型完全可以被接受。赤池信息量（AIC）、施瓦兹信息量（SC）分别为 5.426 514 和 5.580 920，SC 的用法同 AIC 非常接近，其值越小说明模型越精确。从运行结果和分析来看，包含常数项的回归模型能够很准确地表达脱硫效率与 6 种运行参数之间的关系。

Dependent Variable: y				
Method: Least Squares				
Date: 08/01/10 Time: 11:06				
Sample: 1 130				
Included observations: 130				
Variable	Coefficient	Std. Error	t-Statistic	Prob.
C	27.78237	3.517558	7.898198	0.0000
v*y	0.046869	0.013594	3.447704	0.0008
T*y^(-1)	-4.264355	1.044252	-4.083645	0.0001
LGD*y	0.004518	0.001422	3.176733	0.0019
LGU*y	0.008699	0.002113	4.117147	0.0001
PHD*y	0.026714	0.005623	4.750540	0.0000
PHU*y	0.045698	0.004912	9.303818	0.0000
R-squared	0.924741	Mean dependent var		81.58408
Adjusted R-squared	0.921069	S.D. dependent var		12.65105
S.E. of regression	3.554262	Akaike info criterion		5.426514
Sum squared resid	1553.832	Schwarz criterion		5.580920
Log likelihood	-345.7234	F -statistic		251.8909
Durbin-Watson stat	0.929880	Prob(F -statistic)		0.000000

图 6-12　含常数项的相关性线性数学模型

因此，选择包含常数项的回归模型作为双循环多级水幕反应器热态烟气脱硫的统计数学模型。

6.5.4 数学模型的结果预测

预测是建模的目的之一，预测效果的好坏也是评判模型优劣的标准之一。对已经建立的模型，可以直接预测各样本的拟合值[143-144]。对于 6.5.3 得出的数学模型利用 EViews 进行模型预测，结果如图 6-13 所示。

图中实线表示因变量的预测值，上下两条虚线给出的是近似 95%的置信区间，图右侧的附表提供的是一系列对数学模型的评价指标。

由图 6-13 可知，RMSE＝3.457 247，MAE＝2.455 085，MAPE＝3.258 717，Theil IC＝0.020 949，BP＝0，VP＝0.019 558，CP＝0.980 442。可以判断该模型的各项评价指标值均处于精确水平，预测值均值和实际值均值无显著差异。

6.5.5 数学模型预测结果与实测结果比较

数学模型与实测 130 个脱硫效率样本进行比较，以标准 EViews 图形

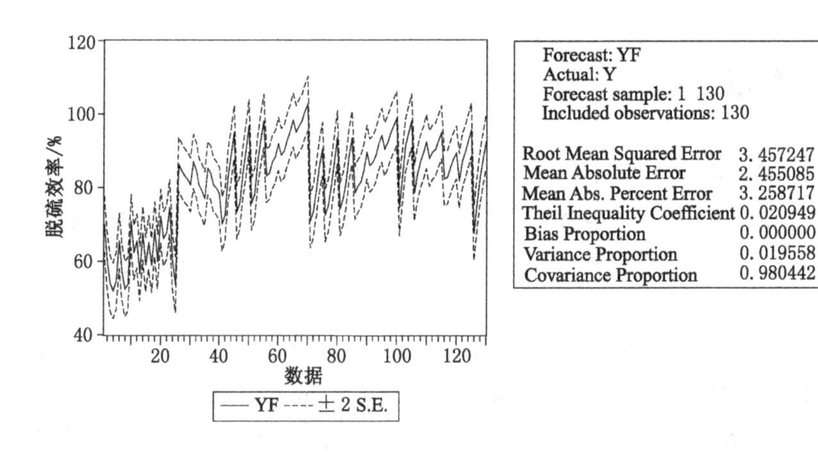

图 6-13 数学模型预测结果(包含 130 组脱硫样本)

形式(Actual, Fitted, Residual Grap(H)显示因变量的实际值和拟合值以及残差,结果如图 6-14 所示。其中,Actual 为因变量的实际值,Fitted 为数学模型的拟合值,Residual 为残差值。

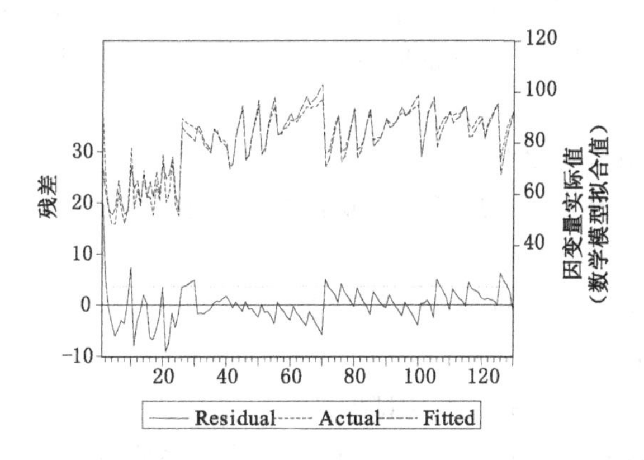

图 6-14 因变量实际值和数学模型拟合值以及残差图

由图 6-14 可以看出,由数学模型得出的拟合值和因变量的 130 个脱硫样本值的吻合度非常好,除第一组数据外的残差均在 10 以内。包括第一组残差值在内的残差均值为 2.46,不包括第一组残差值在内的残差均值为 2.32。因此,可以得出结论,具有常数项的相关性线性数学模型能准确表达双循环多级水幕反应器热态烟气脱硫性能,为双循环多级水幕反应器理想统计数学模型。

6.6 本章小结

(1) 在入塔 SO_2 浓度为 2 000 mg/m^3 情况下，通过热态脱硫正交试验和综合平衡法分析，得出试验优化方案 $A_3B_3C_2D_4E_5F_4$。按优化方案进行脱硫效果验证，脱硫效率达到 88.3%，石灰石利用率为 82.2%，钙硫比 n_{Ca}/n_S 为 1.07。

(2) 模拟烟气条件对脱硫性能的影响试验表明，脱硫效率随入塔烟温的增加而降低，当空塔风速从 2.5 m/s 升高至 3.5 m/s 时，脱硫效率先升高后降低。当空塔风速为 3.0 m/s 时，脱硫效率最高。继续提高风速，脱硫效率无明显提高；当继续提高风速，脱硫效率反而降低。

(3) 浆液 pH 值对脱硫效率的影响试验表明，入塔烟温分别为 80 ℃和 130 ℃工况的脱硫效率均随预处理循环和吸收循环浆液 pH 值的升高而升高。当预处理循环和吸收循环浆液 pH 值相同，且在 4.5～5.0 的范围内变化时，两种工况的脱硫效率均小于 80%。当预处理循环和吸收循环浆液 pH 值均为 6.0 时，虽然两种工况的脱硫效率有明显提高，但反应器入口处短时间内极易结垢。

(4) L/G 对脱硫效率的影响试验表明，80 ℃和 130 ℃两种工况的脱硫效率均随吸收循环和预处理循环浆液 L/G 的增加而升高。在预处理循环与吸收循环浆液 L/G 相同的情况下，烟气温度为 80 ℃时，脱硫效率维持在 83%以上，最高达到了 96%；而烟气温度为 130 ℃时，脱硫效率最低仅为 74%，最高低于 92%。

(5) 采用热态烟气脱硫性能试验的最具有代表性的 130 组数据作为建模基础数据，运用 EViews 软件构建适合双循环多级水幕反应器的数学模型，表达式如下：

$$426.44T/y^2 - 2\,778.24/y = 4.69v + 0.45\mathrm{LGD} + 0.87\mathrm{LGU} + 2.67\mathrm{PHD} + 4.57\mathrm{PHU} - 100$$

该数学模型的各项评价指标值均处于精确水平，数学模型的预测精度非常高，预测值均值和实际值均值无差异。

模型的建立有助于从理论角度理解反应器脱硫性能，从而指导反应器的实际应用和工艺运行参数的调整。

7 结论与建议

7.1 结论

本书基于钙基脱硫反应动力学原理，采用双循环运行模式和 pH 值分段控制，研发了双循环多级水幕反应器。通过分段控制循环浆液 pH 值和 L/G，即双循环运行模式，协调了常规脱硫反应器脱硫效率与石灰石利用率的矛盾，并进行了一系列的冷态和热态脱硫性能试验研究，得出如下主要结论：

(1) 反应器内以双圆锥和导流堰组合产生多级水幕代替传统多层喷头喷淋，运用 AutoCAD、Gambit 和 Fluent 流场模拟软件对塔内构件和流场进行正交模拟优化，通过对速度等高廓线分布图和速度矢量分布图的分析，得到塔内流场和气液接触效果最佳的塔内构件优化组合结构参数。

(2) 通过正交试验和综合平衡法，以脱硫效率和石灰石利用率为指标，得出冷态最优试验方案：空塔风速为 3.0 m/s，预处理循环和吸收循环浆液 pH 值分别为 4.8～5.0 和 5.9～6.1，L/G 均为 20 L/m^3，SO_2 浓度为 1 000 mg/m^3。按最优试验方案条件运行，脱硫效率为 98.2%，石灰石利用率为 95.2%，n_{Ca}/n_S 为 1.03。当预处理循环浆液 pH 值低至 4.0、吸收循环浆液 pH 值在 5.4～5.6 时，吸收段内壁易出现软垢。当上、下循环浆液 pH 值均为 7.0 时，塔内出现大量硬垢。脱硫性能试验表明：双循环多级水幕反应器当进口 SO_2 浓度在 1 000～5 000 mg/m^3 时，脱硫效率高于 91.3%。该方法不仅为低浓度 SO_2 治理提供有效的技术支持，而且突破了常规脱硫技术难以处理高浓度 SO_2 的限制。

（3）添加剂的加入能明显提高脱硫效率和脱硫稳定性，明显降低浆液的pH值，改善石灰石溶解所需浆液条件，有效提高石灰石利用率，防止塔内出现结垢现象。$MgSO_4$ 强化效果明显优于 Na_2SO_4；己二酸强化脱硫效率比无添加剂时高出11%，合适的添加浓度为3 mmol/L。相同脱硫效率前提下，己二酸的加入可降低 L/G 约30%，经济性明显。己二酸和 $MgSO_4$ 复合添加剂强化脱硫存在协同效应，脱硫效率和石灰石利用率比空白试验、$MgSO_4$ 强化和己二酸强化分别高出19.6%、14.32%、8.11%和11%、8%、5%。在相同脱硫效率条件下，复合添加剂脱硫所需 L/G 与无添加剂强化脱硫相比，减小幅度最高可达53.1%。复合添加剂中己二酸和 $MgSO_4$ 浓度分别为3 mmol/L和0.1 mol/L较为合适。

（4）通过热湿交换性能试验，考察了入口烟气条件和工艺条件对烟气热湿交换性能的影响，探寻出口烟气温度和湿度随工艺参数的变化关系。应用Matlab优化工具箱中的lsqnonlin函数对下段进行数学模拟，并在入塔烟气湿度设为3%的条件下，建立热湿数学模型：

$$\begin{cases} T_{in}=\exp[34.266\,3-18.251\,2\ln(\ln T_{out})-19.393\ln(\ln H_{out})] \\ LG=\exp[45.968\,6-27.693\,6\ln(\ln T_{out})-23.735\,9\ln(\ln H_{out})] \end{cases}$$

（5）通过正交试验和综合平衡法分析，得出热态烟气脱硫最优试验方案：空塔风速3.0 m/s，入塔烟温为105 ℃，预处理循环和吸收循环浆液pH值和 L/G 分别为4.5、6.0和18 L/m^3、15 L/m^3。在最优试验方案条件运行时，脱硫效率达到88.3%，石灰石利用率为82.2%，钙硫比 n_{Ca}/n_S 为1.07，效率指标均比冷态条件的效率指标低。当预处理循环和吸收循环浆液pH值均为6.0时，反应器入口处极易出现结垢现象。试验表明，吸收循环浆液 L/G 对脱硫效率的影响要远大于预处理循环浆液 L/G 的影响。

（6）选择典型工业烟气入口 SO_2 浓度为2 000 mg/m^3，以模拟热态烟气脱硫性能试验最具有代表性的130组数据作为建模基础数据，利用EViews软件建立脱硫效率与6个运行参数之间的数学模型：

$$426.44T/y^2-2\,778.24/y=4.69v+0.45\mathrm{LGD}+0.87\mathrm{LGU}+2.67\mathrm{PHD}+4.57\mathrm{PHU}-100$$

该数学模型的各项评价指标值均处于精确水平，数学模型的预测精度非常高，预测值均值和实际值均值无显著差异。该模型可有效指导双循环多级水幕反应器的运行和调控。

7.2 进一步研究建议

本书以反应器内部构件和流场的模拟优化组合结果为依据，设计了双循环多级水幕反应器，进行了冷态烟气脱硫试验、热湿交换性能试验和热态烟气脱硫性能。试验结果表明，所设计的反应器具有运行灵活、脱硫稳定性高、优化条件下运行无结垢等优点，能很好地适应于我国中小型燃煤锅炉烟气特点。但由于试验仪器、设备条件和时间的限制，笔者认为试验还应从以下几个方面进一步深入研究和完善。

(1) 试验考虑了入塔烟温、入塔风速、入塔 SO_2 浓度、浆液 pH 值、L/G 等条件，未就脱硫浆液性质(浆液质量浓度、浆液过饱和度、强制氧化和抑制氧化等)对脱硫性能的影响进行研究。

(2) 双循环多级水幕反应器属于实验室规模试验，在冷态试验、热湿交换试验、热态试验基础上应放大到中等规模进行试验，推进双循环多级水幕反应器的市场应用。

(3) 双循环多级水幕反应器烟气脱硫试验未考虑粉尘的存在对脱硫反应器运行的影响，只是进行了纯粹的脱硫试验，在实际运用中脱硫效率往往会受到粉尘浓度的影响。

同时，中小型燃煤锅炉烟气脱硫装置应尽量与企业现有除尘装置配套或完全取代现有除尘装置，实现同时除尘和脱硫。因此，双循环多级水幕反应器须在与除尘装置配套或在除尘脱硫一体化方向做进一步的调研和试验研究。

参考文献

[1] 肖胜会,黄丽.我国二氧化硫排放情况及控制措施[J].环境,2006(增刊):177-178.

[2] 周新青.空气中二氧化硫的污染危害及其防治对策[J].河南农业,2006(4):16.

[3] 王伟加,戴洪财.二氧化硫污染现状及其防治[J].江苏环境科技,2004,17(增刊):29-30.

[4] 张新民,柴发合,王淑兰,等.中国酸雨研究现状[J].环境科学研究,2010,23(5):527-532.

[5] 赵志龙.我国酸雨状况及综合防治对策研究[J].矿冶,2007,16(3):63-68.

[6] 薛剑,李骏,朱骅.我国酸雨污染及镇江市酸雨污染现状分析[J].科技信息,2010(1):1036.

[7] 侯青,赵艳霞.2007年中国区域性酸雨的若干特征[J].气候变化研究进展,2009,5(1):7-11.

[8] 伍远辉,刘天模,孙成,等.酸雨作用下酸性土壤酸化过程中铜的腐蚀行为[J].四川大学学报(工程科学版),2010,42(1):119-125.

[9] 蔡奕卉,陈新育.酸雨对农作物的影响及防御措施[J].现代农业科技,2009(5):194.

[10] 李芳.酸雨对建筑材料的影响及防治研究综述[J].污染防治技术,2010,23(1):67-69.

[11] 包华晖.酸雨对户外构筑物的危害及防护措施[J].中国住宅设施,2009(4):40-41.

[12] BP 世界能源展望(2017 版)[EB/OL].(2017-03-30)[2020-06-20]. https://www.bp.com/zh_cn/china/home/news/reports/bp-energy-outlook-2017.html.

[13] 国家统计局. 中华人民共和国 2019 年国民经济和社会发展统计公报[EB/OL].(2020-02-28)[2020-06-20]. http://www.stats.gov.cn/tjsj/zxfb/202002/t20200228_1728913.html.

[14] 中华人民共和国生态环境部. 2019 中国生态环境状况公报[EB/OL].(2020-06-02)[2020-8-20]. http://www.mee.gov.cn/hjzl/sthjzk/zghjzkgb/.

[15] 中华人民共和国中央人民政府. 国务院关于印发"十三五"节能减排综合工作方案的通知[EB/OL].(2016-12-20)[2020-06-20]. http://www.gov.cn/gongbao/content/2017/content_5163448.htm.

[16] 吴鹏. 中小型燃煤锅炉烟气净化系统场效应分析[D]. 北京:华北电力大学,2016:1-9.

[17] 宣军传. 提高中小型燃煤锅炉热效率的途径[J]. 有色设备,2008(5):24-26.

[18] 张钦海. 中小型锅炉及相关产业的发展动向[J]. 中国品牌与防伪,2008(7):94-95.

[19] 荆岩明,张建军,荆岩平. 中小型锅炉选择脱硫技术应注意的若干问题探讨[J]. 科技致富向导,2008(10):50-51.

[20] 孟志坚,林天立. 中小型燃煤工业锅炉湿法烟气脱硫设备存在的问题及对策[J]. 能源环境保护,2004,18(2):49-50.

[21] 张万红,魏斌. 中小型燃煤锅炉热损失技术分析[J]. 青海科技,2009,16(2):69-72.

[22] 吴华广. 中小型燃煤锅炉烟气脱硫技术及其选择[J]. 煤炭科技,2005(4):17-18.

[23] 曹文忠. 中小型锅炉烟气脱硫的技术探讨[J]. 山西建筑,2004,30(12):96-97.

[24] 李丹,李立清,陈昭宜,等. 中小型工业锅炉湿式钙法脱硫中结垢堵塞问题研究[J]. 热力发电,2004,33(6):31-34.

[25] 张杨帆,李定龙,王晋. 中小型燃煤锅炉烟气脱硫除尘一体化技术的研

究与应用[J]. 工业安全与环保,2007,33(3):30-32.
[26] 李湘. 浅议 TL 湍流式烟气脱硫除尘器的研制与实践应用[J]. 新疆环境保护,2008,30(2):44-46.
[27] 周瑞福,李建生,尹宾宾,等. 湍流式除尘脱硫技术的应用[J]. 工业锅炉,2002(6):32-35.
[28] 方芳,莫建松,王凯南,等. 石灰-石膏法旋流板塔脱硫技术及其应用[J]. 环境污染与防治,2008,30(12):100-101.
[29] 姜阳,孙文寿,朱蕾,等. 旋流板塔煤浆法烟气脱硫研究[J]. 青岛理工大学学报,2009,30(2):65-69.
[30]王明基. 旋流板-填料塔在烟气治理中应用的探讨[J]. 广州环境科学,2004,19(4):16-17.
[31] 杜立新. 关于改进麻石水膜除尘脱硫技术的探讨[J]. 北方环境,2010,22(1):43-45.
[32] 张旭海,杜红梅,李玉松. 简易麻石水膜脱硫除尘装置运行中的问题及改进[J]. 能源与环境,2006(2):42-44.
[33] 王辉. 锅炉麻石水膜除尘器的脱硫改造工艺[J]. 机械工程与自动化,2005(6):83-84.
[34] 王光武. 工业锅炉麻石水膜脱硫除尘器的安装改造及使用[J]. 山西科技,2004,19(1):71-72.
[35] 丁志明. 水膜除尘改造为高效湿式脱硫除尘器的实践[J]. 环境保护,2000,28(5):18-19.
[36] 陈明功,王震. 麻石水膜除尘塔的脱硫改造[J]. 煤矿环境保护,2000,14(5):39-40.
[37] 项光明. 液柱喷射烟气脱硫研究[D]. 北京:清华大学,2003.
[38] 孔华. 石灰石湿法烟气脱硫技术的试验和理论研究[D]. 杭州:浙江大学,2001.
[39] MORSE J W. Dissolution kinetics of calcium carbonate in sea water, VI, The near-equilibrium dissolution kinetics of calcium carbonate-rich deep sea sediments[J]. American Journal of Science, 1978, 278(3): 344-353.
[40] GAGE C L, ROCHELLE G T. Limestone dissolution in flue gas

scrubbing: effect of sulfite[J]. Journal of the Air & Waste Management Association, 1992, 42(7): 926-935.

[41] UKAWA N, TAKASHINA T, SHINODA N. Effects of particle size distribution on limestone dissolution in wet FGD process applications [J]. Environmental Progress, 1993, 12(3): 238-242.

[42] AHLBECK J, ENGMAN T, FÄLTÉN S, et al. A method for measuring the reactivity of absorbents for wet flue gas desulfurization[J]. Chemical Engineering Science, 1993, 48(20): 3479-3484.

[43] BROGREN C, KARLSSON H T. A model for prediction of limestone dissolution in wet flue gas desulfurization applications[J]. Industrial & Engineering Chemistry Research, 1997, 36(9): 3889-3897.

[44] 钟秦,刘爱民. 湿法烟气脱硫中石灰石溶解特性[J]. 南京理工大学学报, 2000, 24(6): 561-564.

[45] MEHRA A. Gas absorption in reactive slurries: Particle dissolution near gas-liquid interface[J]. Chemical Engineering Science, 1996, 51(3): 461-477.

[46] UCHIDA S, KOIDE K, SHINDO M. Gas absorption with fast reaction into a slurry containing fine particles[J]. Chemical Engineering Science, 1975, 30(5/6): 644-646.

[47] RAMACHANDRAN P A, SHARMA M M. Absorption with fast reaction in a slurry containing sparingly soluble fine particles[J]. Chemical Engineering Science, 1969, 24(11): 1681-1686.

[48] BJERLE I, BENGTSSON S, FÄRNKVIST K. Absorption of SO_2 in $CaCO_3$-slurry in a laminar jet absorber[J]. Chemical Engineering Science, 1972, 27(10): 1853-1861.

[49] SADA E, KUMAZAWA H, BUTT M A. Single and simultaneous absorptions of lean SO_2 and NO_2 into aqueous slurries of $Ca(OH)_2$ or $Mg(OH)_2$ particles[J]. Journal of Chemical Engineering of Japan, 1979, 12(2): 111-117.

[50] SADA E, KUMAZAWA H, SAWADA Y, et al. Kinetics of absorptions of lean sulfur dioxide into aqueous slurries of calcium carbonate

and magnesium hydroxide[J]. Chemical Engineering Science, 1981, 36(1): 149-155.

[51] SADA E, KUMAZAWA H, HASHIZUME I, et al. Desulfurization by limestone slurry with added magnesium sulfate[J]. The Chemical Engineering Journal, 1981, 22(2): 133-141.

[52] SADA E, KUMAZAWA H, HASHIZUME I, et al. Absorption of dilute SO_2 into aqueous slumes of $CaSO_3$[J]. Chemical Engineering Science, 1982, 37(9): 1432-1435.

[53] LANCIA A, MUSMARRA D, PEPE F. Modeling of SO_2 absorption into limestone suspensions[J]. Industrial & Engineering Chemistry Research, 1997, 36(1): 197-203.

[54] UCHIDA S, WEN C Y. Rate of gas absorption into a slurry accompanied by instantaneous reaction[J]. Chemical Engineering Science, 1977, 32(11): 1277-1281.

[55] SADA E, KUMAZAWA H, BUTT M A. Single gas absorption with reaction in a slurry containing fine particles[J]. Chemical Engineering Science, 1977, 32(10): 1165-1170.

[56] ROCHELLE G T, KING C J. The effect of additives on mass transfer in $CaCO_3$ or CaO slurry scrubbing of SO_2 from waste gases[J]. Industrial & Engineering Chemistry Fundamentals, 1977, 16(1): 67-75.

[57] SADA E, KUMAZAWA H, BUTT M A. Absorption of sulfur dioxide in aqueous slurries of sparingly soluble fine particles[J]. The Chemical Engineering Journal, 1980, 19(2): 131-138.

[58] SADA E, KUMAZAWA H, HASHIZUME I. Further consideration on chemical absorption mechanism by aqueous slurries of sparingly soluble fine particles[J]. Chemical Engineering Science, 1981, 36(4): 639-642.

[59] MATSUKATA M, TAKEDA K, MIYATANI T, et al. Simultaneous chlorination and sulphation of calcined limestone[J]. Chemical Engineering Science, 1996, 51(11): 2529-2534.

[60] 张真. 石灰石-石膏湿法烟气脱硫新型增效剂的实验研究[D]. 武汉：华

中科技大学,2018:34-56.

[61] BROGREN C,KARLSSON H T. Modeling the absorption of SO_2 in a spray scrubber using the penetration theory[J]. Chemical Engineering Science,1997,52(18):3085-3099.

[62] 吕丽娜. 基于石灰石石膏湿法烟气脱硫技术的脱硫添加剂研究[D]. 上海:华东理工大学,2016:48-62

[63] 周至祥. 介绍2种湿式FGD强制氧化方法[J]. 电力环境保护,2002,18(3):52-54.

[64] RAMACHANDRAN P A,SHARMA M M. Absorption with fast reaction in a slurry containing sparingly soluble fine particles[J]. Chemical Engineering Science,1969,24(11):1681-1686.

[65] SADA E,KUMAZAWA H,SAWADA Y,et al. Kinetics of absorptions of lean sulfur dioxide into aqueous slurries of calcium carbonate and magnesium hydroxide[J]. Chemical Engineering Science,1981,36(1):149-155.

[66] PASIUK-BRONIKOWSKA W,RUDZIŃSKI K J. Absorption of SO_2 into aqueous systems[J]. Chemical Engineering Science,1991,46(9):2281-2291.

[67] YAGI H,HIKITA H. Gas absorption into a slurry accompanied by chemical reaction with solute from sparingly soluble particles[J]. The Chemical Engineering Journal,1987,36(3):169-174.

[68] GERBEC M,STERGARŠEK A,KOCJANC Č I Č R. Simulation model of wet flue gas desulphurization plant[J]. Computers & Chemical Engineering,1995,19:283-286.

[69] DOU B L,PAN W G,JIN Q,et al. Prediction of SO_2 removal efficiency for wet Flue Gas Desulfurization[J]. Energy Conversion and Management,2009,50(10):2547-2553.

[70] EDEN D,LUCKAS M. A heat and mass transfer model for the simulation of the wet limestone flue gas scrubbing process[J]. Chemical Engineering & Technology,1998,21(1):56-60.

[71] 钟秦. 湿法烟气脱硫的理论和实验研究(I):湿壁塔脱硫反应系统及操

作特性[J]. 南京理工大学学报,1998,22(6):517-520.

[72] NOBLETT J G, HEBETS M J, MOSER R E. EPRI's FGD Process Model (FGDPRISM)[R]. EPA/EPRI Symposium on FGD, New orleans, 1990.

[73] OLAUSSON S, WALLIN M, BJERLE I. A model for the absorption of sulphur dioxide into a limestone slurry[J]. The Chemical Engineering Journal, 1993, 51(2):99-108.

[74] IRABIEN A, CORTABITARTE F, ORTIZ M I. Kinetics of flue gas desulfurization at low temperatures: nonideal surface adsorption model [J]. Chemical Engineering Science, 1992, 47(7):1533-1543.

[75] EDEN D, LUCKAS M. A heat and mass transfer model for the simulation of the wet limestone flue gas scrubbing process[J]. Chemical Engineering & Technology, 1998, 21(1):56-60.

[76] BROGREN C, KARLSSON H T. Modeling the absorption of SO_2 in a spray scrubber using the penetration theory[J]. Chemical Engineering Science, 1997, 52(18):3085-3099.

[77] 彭启. 石灰石-石膏法脱硫系统工艺参数计算及优化运行[D]. 哈尔滨:哈尔滨理工大学,2019:19-43.

[78] WARYCH J, SZYMANOWSKI M. Model of the wet limestone flue gas desulfurization process for cost optimization[J]. Industrial & Engineering Chemistry Research, 2001, 40(12):2597-2605.

[79] WARYCH J, SZYMANOWSKI M. Optimum values of process parameters of the "wet limestone flue gas desulfurization system"[J]. Chemical Engineering & Technology, 2002, 25(4):427-432.

[80] 钟秦. 湿法烟气脱硫的理论和实验研究(Ⅱ):湿壁塔烟气脱硫数学模型[J]. 南京理工大学学报,1999,23(1):1-5.

[81] 钟秦. 湿法烟气脱硫的理论和实验研究(Ⅲ):工艺实验和脱硫模型的验证[J]. 南京理工大学学报,1999,23(2):157-161.

[82] KIIL S, MICHELSEN M L, DAM-JOHANSEN K. Experimental investigation and modeling of a wet flue gas desulfurization pilot plant [J]. Industrial & Engineering Chemistry Research, 1998, 37(7):

2792-2806.

[83] KIIL S,MICHELSEN M L,DAM-JOHANSEN K. Experimental investigation and modeling of a wet flue gas desulfurization pilot plant [J]. Industrial & Engineering Chemistry Research, 1998, 37 (7): 2792-2806.

[84] KIIL S,NYGAARD H,JOHNSSON J E. Simulation studies of the influence of HCl absorption on the performance of a wet flue gas desulphurisation pilot plant[J]. Chemical Engineering Science,2002,57(3): 347-354.

[85] 韩璞,毛新静,周黎辉,等. 湿法烟气脱硫中强制氧化系统的机理建模[J]. 华北电力大学学报. 2006,33(5):60-63.

[86] FRANDSEN J B W,KIIL S,JOHNSSON J E. Optimisation of a wet FGD pilot plant using fine limestone and organic acids[J]. Chemical Engineering Science,2001,56(10):3275-3287.

[87] 里森费尔德,科尔. 气体净化[M]. 沈余生,等译. 3 版. 北京:中国建筑工业出版社,1982.

[88] ROCHELLE G T,KING C J. The effect of additives on mass transfer in $CaCO_3$ or CaO slurry scrubbing of SO_2 from waste gases[J]. Industrial & Engineering Chemistry Fundamentals,1977,16(1):67-75.

[89] UKAWA N,OKINO S,OSHIMA M,et al. Effects of salts on limestone dissolution rate in wet limestone flue gas desulfurization[J]. Journal of Chemical Engineering of Japan,1993,26(1):112-113.

[90] UKAWA N,TAKASHINA T,OSHIMA M,et al. Effects of salts on limestone dissolution rate in wet limestone flue gas desulfurization [J]. Environmental Progress,1993,12(4):294-299.

[91] 孙文寿,吴忠标,谭天恩. 旋流板塔镁强化石灰脱硫过程研究[J]. 环境科学,2001,22(3):104-107.

[92] 李玉平,谭天恩,景国红. 无机盐对 SO_2-H_2O-$CaCO_3$ 气液固三相反应系统 pH 值的影响[J]. 环境污染与防治,1997,19(5):1-5.

[93] KIIL S,NYGAARD H,JOHNSSON J E. Simulation studies of the influence of HCl absorption on the performance of a wet flue gas desul-

phurisation pilot plant[J]. Chemical Engineering Science,2002,57(3):347-354.

[94] 奚胜兰.石灰石湿法烟气脱硫添加剂的实验研究[J].能源环境保护,2003,17(1):32-35.

[95] BROGREN C,KARLSSON H T. A model for prediction of limestone dissolution in wet flue gas desulfurization applications[J]. Industrial & Engineering Chemistry Research,1997,36(9):3889-3897.

[96] MOBLEY J D. Organic acids can enhance wet limestone flue gas scrubbing[J]. Power Engineering,1986,5:32-35.

[97] CHANG C S,ROCHELLE G T. Effect of organic acid additives on SO_2 absorption into $CaO/CaCO_3$ slurries[J]. AIChE Journal,1982,28(2):261-266.

[98] DICKENMAN J C. Prepared for presented on the eight FGD symposium[J]. Journal of the Air Pollution Control Association,1983,11:1-4.

[99] ALTIN C A,GILLETTE J,MITCHELL G. The Conemaugh Station-Phase I compliance using wet scrubbers[R]. United States: Electric Power Research Institute,1995:2-4.

[100] FRANDSEN J B W,KIIL S,JOHNSSON J E. Optimisation of a wet FGD pilot plant using fine limestone and organic acids[J]. Chemical Engineering Science,2001,56(10):3275-3287.

[101] CHANG J C S,MOBLEY J D. Testing and commercialization of by-product dibasic cids as buffer additives for limestone flue gas esulfurization systems[J]. Journal of the Air Pollution Control Association,1983,33(10):955-962.

[102] CHANG J C S,BRNA T G. Pilot testing of sodium thiosulfate[J]. Environmental Progress,1986,5(4):225-233.

[103] MOBLEY J D,CASSIDY M A. Organic acids can enhance wet limestone flue gas scrubbering[J]. Power Engineering,1986,90(5):32-35.

[104] DAVID G S,KATZBERGER S M. Options are increasing for reducing emission of SO_2[J]. power engineering,1988,92(12):30-33.

[105] 王惠挺,丁红蕾,姚国新,等.添加剂强化钙剂湿法烟气脱硫的试验研究[J].浙江大学学报(工学版).2014,48(1):50-55.

[106] 吴忠标,谭天恩.石灰/石灰石湿法脱硫中添加剂的研究[J].中国环境科学,1995,15(6):438-442.

[107] 孙文寿.添加剂强化石灰石/石灰湿式烟气脱硫研究[D].杭州:浙江大学,2001.

[108] 孙文寿,吴忠标,谭天恩.烟气脱硫过程中添加剂对石灰石的促溶作用[J].中国环境科学,2002,22(4):305-308.

[109] 石发恩,李振坦.石灰湿式烟气脱硫中复合添加剂的研究[J].四川有色金属,2003(3):27-29.

[110] 王晋刚,胡金榜,段振亚,等.复合添加剂在两种烟气脱硫工艺中的应用[J].热能动力工程,2006,21(1):93-95.

[111] 温正.FLUENT 流体计算应用教程[M].北京:清华大学出版社,2009.

[112] 王瑞金,张凯,王刚.Fluent 技术基础与应用实例[M].北京:清华大学出版社,2007.

[113] 韩占忠.FLUENT 流体工程仿真计算实例与应用[M].北京:北京理工大学出版社,2004.

[114] 李进良,李承曦,胡仁喜,等.精通 FLUENT6.3 流场分析[M].北京:化学工业出版社,2009.

[115] 王银春,吴胜.AutoCAD 实用教程[M].北京:北京理工大学出版社,2005.

[116] 乔爱科.机械 CAD 软件开发实用技术教程[M].北京:机械工业出版社,2008.

[117] 黄仕君,李吉祥,何世勇.AutoCAD2008 应用教程[M].北京:北京师范大学出版社,2009.

[118] 杜群贵,刘胜,黄晓东.闭曲面有限元网格生成的边界预调整方法[J].华南理工大学学报(自然科学版),2007,35(2):27-32.

[119] 张军,谭俊杰,褚江,等.一种新的非结构动网格的生成方法[J].南京航空航天大学学报,2007,39(5):633-636.

[120] 姚彦忠,王瑞利,袁光伟.复杂区域上的一种结构网格生成方法[J].计

算物理,2007,24(6):647-654.

[121] 刘小平,张敏,刘晶,等.商用软件GAMBIT的解析和应用[J].南京工业大学学报(自然科学版),2008,30(1):101-104.

[122] 李思民.新型湿法除尘脱硫斜板塔的数值模拟[D].长沙:湖南大学,2007.

[123] 陈景仁.湍流模型及有限分析法[M].上海:上海交通大学出版社,1989.

[124] 黄宏艳,王强.过膨胀状态下轴对称收-扩喷管内外流场计算及分析[J].航空动力学报,2007,22(7):1069-1073.

[125] LAUNDER B E,SPALDING D B. The numerical computation of turbulent flows[J]. Computer Methods in Applied Mechanics and Engineering,1974,3(2):269-289.

[126] KADER B A. Temperature and concentration profiles in fully turbulent boundary layers[J]. International Journal of Heat and Mass Transfer,1981,24(9):1541-1544.

[127] WHITE F M,CHRISTOPH G H. A simple new analysis of compressible turbulent two-dimensional skin friction under arbitrary conditions[R]. Rhode Island Univ Kingston Div of Engineering Research and Development,1971:70-133.

[128] 齐恩伍,蒋丹,刘斌.前处理软件GAMBIT参数化建模功能增强的研究[J].东华大学学报(自然科学版),2008,34(3):341-343.

[129] 赵枫.基于气液传质强化的湿法烟气脱硫技术研究[D].无锡:江南大学,2019:35-43.

[130]王丽丽.添加剂强化石灰石湿法烟气脱硫试验研究[D].徐州:中国矿业大学,2009.

[131] 郝吉明,王书肖,陆永琪.燃煤二氧化硫污染控制技术手册[M].北京:化学工业出版社,2001.

[132] NANNEN L W,WEST R E,KREITH F. Removal of SO_2 from low sulfur coal combustion gases by limestone scrubbing[J]. Journal of the Air Pollution Control Association,1974,24(1):29-39.

[133] PRASAD D S N,RANI A,SHARMA M,et al. Rates of autoxidation

of sulphur in aqueous suspensions of limestone powder:implications for scrubber chemistry[J]. Indian Journal of Chemical Technology, 1994,1:87-92.

[134] UCHIDA S,ARIGA O. Absorption of sulfur dioxide into limestone slurry in a stirred tank[J]. The Canadian Journal of Chemical Engineering,1985,63(5):778-783.

[135] MORSE J W. Dissolution kinetics of calcium carbonate in sea water; VI,The near-equilibrium dissolution kinetics of calcium carbonate-rich deep sea sediments[J]. American Journal of Science,1978,278(3):344-353.

[136] REID R C,PRAUSNITZ J M,POLING B E. The properties of gases and liquids[M]. New York:McGraw-Hill Book Company,1977.

[137] 张云峰.影响火电机组用湿式石灰石-石膏系统(WFGD)脱硫性能的研究[C]//第十届全国燃煤二氧化硫、氮氧化物污染治理技术暨烟气脱硫脱氮工程建设和运行管理交流会论文集,2007.

[138] 张红蓉.湿法脱硫立式圆形吸收塔内过程的数值模拟[D].北京:华北电力大学,2002.

[139] MEIKAP B C,KUNDU G,BISWAS M N. Modeling of a novel multi-stage bubble column scrubber for flue gas desulfurization[J]. Chemical Engineering Journal,2002,86(3):331-342.

[140] 贺超英. MATLAB 应用与实验教程[M]. 北京:电子工业出版社,2010.

[141] 张晓峒. EViews 使用指南与案例[M]. 北京:机械工业出版社,2007.

[142] 易丹辉. 数据分析与 EViews 应用[M]. 北京:中国统计出版社,2002.

[143] 张大维,刘博,刘琪. EViews 数据统计与分析教程[M]. 北京:清华大学出版社,2010.

[144] 易丹辉. 数据分析与 EViews 应用[M]. 北京:中国人民大学出版社,2008.